Ahmed Abdel-Karim

Redução do Nível de Subprodutos de Desinfeção na Água Potável

Ahmed Abdel-Karim

Redução do Nível de Subprodutos de Desinfeção na Água Potável

ScienciaScripts

Imprint

Cover image: www.ingimage.com

This book is a translation from the original published under ISBN 978-3-659-85345-6.

Publisher:
Sciencia Scripts
is a trademark of
Dodo Books Indian Ocean Ltd. and OmniScriptum S.R.L publishing group

120 High Road, East Finchley, London, N2 9ED, United Kingdom
Str. Armeneasca 28/1, office 1, Chisinau MD-2012, Republic of Moldova, Europe
Managing Directors: Ieva Konstantinova, Victoria Ursu
info@omniscriptum.com

Printed at: see last page
ISBN: 978-620-8-37606-2

CONTEÚDO

RESUMO

Nome: Ahmed Abdel-Kareem Ahmed Abdel-Kareem **Título**: Redução do nível de subprodutos de desinfeção na água potável

O presente trabalho investigou as caraterísticas das matérias orgânicas naturais (NOM) na água potável bruta do rio Nilo e a sua relação com a formação de subprodutos de desinfeção (DBPs) durante os processos de tratamento. Foram recolhidas amostras de água de quatro estações de tratamento de água potável (ETAP) e do seu sistema de distribuição na zona metropolitana do Cairo. Foram estudados os factores que afectam a formação de trihalometanos (THMs) e ácidos haloacéticos (HAAs) durante os processos de tratamento. Esses factores são a dosagem de Cl_2 , o carbono orgânico total (TOC), o pH, a temperatura da massa de água e o tempo de contacto com o Cl_2. Os resultados indicaram que a formação máxima de SPD foi observada a pH 7,5. À medida que o nível de dosagem de Cl2, o tempo de contacto, a temperatura da massa de água e o teor de TOC aumentam, a formação de THMs e HAAs aumenta. O fracionamento do carbono orgânico dissolvido (COD) na água foi realizado como fracções hidrofílicas (HPI), fracções hidrofóbicas (HPO) e fracções transfílicas (TPI). A espécie mais reactiva foi a fração HPI, que tem a maior contribuição para a formação de SPD. A modificação do método de tratamento convencional foi sugerida e optimizada de modo a reduzir o nível de THMs e HAAs na água potável. Isto foi realizado através da aplicação de pré-ozonação (2,0 mg/L), coagulação reforçada (Alum, 25,0 mg/L+ Polímero catiónico, 0,05 mg/L), filtração utilizando filtro de carvão ativado granular (GAC) e pós-cloração (2,0 mg/L).

Palavras-chave: Matéria orgânica natural, trihalometanos, ácidos haloacéticos, fracionamento de DOC, coagulação melhorada, tratamento de água potável e ozonização.

AGRADECIMENTOS

O meu profundo agradecimento ao **Dr. Ahmed Fahmy Ahmed**, Departamento de Química, Faculdade de Ciências, Universidade do Cairo, pela sua valiosa orientação, paciência, supervisão amável e conselhos, sem os quais não conseguiria terminar este trabalho.

Dr. Mohamed Ismail Badawy, Departamento de Investigação sobre Poluição da Água, Centro Nacional de Investigação, por ter proposto o tema, pela sua amável supervisão, interesse, conselhos valiosos, discussões frutuosas e orientação durante todo o trabalho.

Profundo agradecimento ao **Dr. Tarek Abdel Shafy** e ao **Dr. Mohamed Eid**, do Departamento de Investigação sobre Poluição da Água, que são o coração e a alma deste trabalho. Obrigado do fundo do coração pelo vosso empenho. Não são apenas um membro valioso deste grupo, são também uns amigos queridos. Não me consigo imaginar a trabalhar sem vocês.

Estou em dívida para com a minha querida família, a **minha mãe, o meu pai, a minha mulher e o meu filho**, por todo o tipo de apoio inestimável, encorajamento contínuo, paciência e compreensão em todos os aspectos da minha vida. Foi um prazer fazer parte desta família.

LISTA DE ABREVIATURAS

AHS	Aquatic humic substances
AMW	Apparent molecular weight
AP	Anionic polymer
APHA	American Public Health Association
BDOC	Biodegradable dissolved organic carbon
CD	Chlorine demand
CP	Cationic polymer
D/DBPR	Disinfectants/disinfection by-products rule
DBAA	Dibromoacetic acid
DBPs	Disinfection by-products
DCAA	Dichloroacetic acid
DOC	Dissolved organic carbon
DOM	Dissolved organic matter
DPD	Diethylphenyldiamine
FAS	Ferrous Ammonium Sulfate
GAC	Granular Activated Carbon
HA	Humic acid
HAAFP	Haloacetic acid formation potential
HAAs	Haloacetic acids
HANs	Haloacetonitriles
HNMs	Halonitromethanes
HPIA	Hydrophilic acids
HPIB	Hydrophilic bases
HPIN	Hydrophilic neutrals
HPL	Hydrophilic
HPO	Hydrophobic
HPON	Hydrophobic neutrals
HPSEC	High performance size exclusion chromatography

LRB	Laboratory reagent blank
MBAA	Monobromoacetic acid
MCAA	Monochloroacetic acid
MTBE	Methyl tert-butyl ether
MWD	Molecular weight distribution
NF	Nanofiltration
NOM	Natural organic matter
SD	Standard deviation
SF	Sand filter
SUVA	Specific ultraviolet absorption
TCAA	Trichloroacetic acid
THMFP	Trihalomethane formation potential
THMs	Trihalomethanes
TTHMs	Total trihalomethanes
THAAs	total haloacetic acids
TOC	Total organic carbon
TOX	Total organic halide
TPL	Transphilic
USEPA	United States Environmental Protection Agency
UVA_{254}	Ultraviolet absorption at 254 nm
WHO	World health organization

OBJECTIVO DO TRABALHO

A cloração é um dos processos de desinfeção mais utilizados nas estações de tratamento de água no Egito para garantir a segurança da água potável. Numerosas amostras de água tratada recolhidas em várias estações locais de tratamento de água potável (ETA) no Egito revelaram níveis elevados de trihalometanos (THM) e ácidos haloacéticos (HAA). Foi realizado um programa de amostragem numa comunidade residencial no Cairo, Egito, a fim de determinar a presença de SPD clorados na água tratada e de observar o impacto do sistema de distribuição nos níveis de SPD. Por conseguinte, este trabalho visa atingir os seguintes objectivos

> Caracterização da qualidade da água potável em quatro estações de tratamento de água potável

> Avaliação do destino de matérias orgânicas naturais (NOM) ao longo das unidades de tratamento de água potável.

> Avaliação da eficiência de várias técnicas de tratamento para reduzir os precursores de THM e HAA que produzirão THM após a cloração, determinação do potencial de formação de trihalometanos e ácidos haloacéticos de águas acabadas contendo NOM natural em diferentes concentrações após o tratamento, e determinação dos rácios das espécies de THM e HAA nas águas acabadas.

> Análise do impacto de vários desinfectantes químicos na formação de DBPs.

> Seleção de alternativas adequadas de desinfectantes e de esquemas de desinfeção para atingir os seus objectivos específicos de elevada eficiência e menor formação de DBPs.

CAPÍTULO I

INTRODUÇÃO

A desinfeção da água potável é um processo vital para prevenir a propagação de doenças causadas por agentes patogénicos transportados pela água; no entanto, os desinfectantes químicos também podem formar subprodutos com potenciais preocupações para a saúde. A cloração é um dos processos de desinfeção mais utilizados nas estações de tratamento de água no Egito para garantir a segurança da água potável. O cloro reage com a matéria orgânica natural (NOM) que não foi completamente removida durante o tratamento e forma subprodutos de desinfeção cancerígenos (DBPs), como os trihalometanos (THMs) e os ácidos haloacéticos (HAAs).

Vários autores referiram que os SPD têm sido relacionados com a ocorrência de cancro, atraso no crescimento, aborto espontâneo e defeitos cardíacos congénitos [1-3]. Recentemente, tem sido dada especial atenção aos processos de tratamento da água devido à crescente preocupação com a proteção da vida das pessoas no Egito. Devido ao efeito destes SPD na saúde humana, as normas egípcias n.º 458/2007 [4] estabeleceram limites regulamentares rigorosos para quatro THM e HAA. Em resposta a estes regulamentos, as empresas de abastecimento de água potável fizeram um grande esforço para avaliar desinfectantes alternativos, como o ozono e o dióxido de cloro, para reduzir as concentrações destes dois grupos de DBPs regulamentados.

A matéria orgânica natural (NOM) é importante num processo de tratamento de água devido ao seu papel como precursor da formação de SPD de cloração, bem como ao seu papel na concentração e transporte de poluentes inorgânicos e orgânicos [5] . É sabido que os SPD, como os THM, os HAA e outros materiais orgânicos halogenados, são produzidos pela reação entre os NOM e o cloro [6-7]. Há uma preocupação crescente com o controlo destes produtos na água potável, especialmente no tratamento de fontes de água micro-poluída. Vários factores, como o pH, a temperatura, o carbono orgânico dissolvido (DOC), as concentrações de brometo e os factores operacionais, como a dose de cloro e o tempo de contacto, foram referidos como afectando significativamente a formação de THMs [6-7].

No entanto, verificou-se que o DOC é o fator mais importante na formação de THM. Para evitar a produção de DBP, os precursores do NOM devem ser eficazmente removidos da água bruta antes da desinfeção. Infelizmente, os precursores de NOM e DBP não podem ser removidos eficazmente nos processos convencionais de tratamento de água, incluindo coagulação, sedimentação e filtração em areia, que é a tecnologia de tratamento de água potável mais comum no Egito [8].

Estudos anteriores demonstraram que a remoção de NOM pode ser conseguida através de processos unitários adicionais, tais como carvão ativado granular (GAC) após ozonização, nanofiltração (NF), e/ou coagulação melhorada [9-13]

O ozono é um potente oxidante e desinfetante que se decompõe rapidamente na água potável. Devido à sua instabilidade, o ozono não pode produzir um resíduo desinfetante persistente nos sistemas de distribuição [14]. O cloro, o dióxido de cloro ou as cloraminas têm sido utilizados em conjunto com o ozono para este fim. Por isso, há muito tempo que existe um interesse no impacto que o ozono pode ter nos precursores de DBP. Foram observados aumentos e diminuições na formação de SPD a partir da cloração, dependendo dos precursores de SPD e das condições utilizadas [15-18] .

Tal como o ozono, o dióxido de cloro é também um poderoso desinfetante e oxidante. Normalmente, cerca de 70% do dióxido de cloro aplicado acaba por ser reduzido a clorito [14 e 18]. A Agência de Proteção Ambiental dos Estados Unidos (USEPA) estabeleceu um nível máximo de contaminante (MCL) para o clorito em 1,0 mg/L. Assim, a dose de dióxido de cloro não deve exceder cerca de 1,4 mg/L para garantir que o limite de clorito seja cumprido.

Os subprodutos orgânicos halogenados formados pelo dióxido de cloro são largamente desconhecidos. Estudos limitados mostraram que o dióxido de cloro não produz THMs e THAAs de forma significativa. No entanto, produz quantidades apreciáveis de ácidos dihaloacéticos e halogenetos orgânicos totais durante o tratamento da água potável [18-19].

A água bruta pode incluir precursores de SPD tanto na forma dissolvida como na forma particulada. Para que os precursores dissolvidos sejam removidos no tratamento convencional, devem ser convertidos para a forma particulada para posterior remoção durante a sedimentação e filtragem. O potencial de formação de THM (THMFP) diminui geralmente em cerca de 50% através da coagulação e sedimentação convencionais, indicando a importância de deslocar o ponto de aplicação de cloro após a coagulação e sedimentação (e mesmo filtração) para controlar os halogenetos orgânicos totais (TOXs), bem como a formação de THMs [20-22] .

Os sistemas convencionais podem reduzir o potencial de formação de SPD da água antes da desinfeção, removendo ainda mais os precursores com coagulação reforçada, adsorção de CAG ou filtração por membrana antes da desinfeção. As eficiências de remoção dos precursores são específicas do local e variam consoante as águas de origem e as técnicas de tratamento.

Os sais de sulfato de alumínio (alúmen) e de coreto de ferro (férrico) podem remover quantidades variáveis de NOM. Para o alúmen, o pH ótimo para a remoção de NOM situa-se no intervalo de 5,5-6,0. A adição de alúmen diminui o valor do pH e pode permitir que a gama de pH óptima seja atingida sem adição de ácido [32]. Contudo, as águas com alcalinidades muito baixas ou muito elevadas podem exigir a adição de uma base ou de um ácido para atingir o valor ótimo do pH de coagulação dos NOM [14 e 23] . A adsorção de CAG pode ser utilizada após a filtração para remover NOM adicionais. Para a maioria das aplicações, são necessários tempos de contacto com o leito vazio superiores a 20 minutos, com frequências de regeneração da ordem dos 2 a 3 meses [24-26].

A matéria orgânica natural (NOM) é uma mistura complexa de moléculas orgânicas mal definidas que ocorrem em águas naturais. As fontes de NOM podem ser tanto autóctones (algas, plâncton e bactérias) como alóctones ou terrestres (plantas, solos e sedimentos de zonas húmidas). Em termos de concentração mássica simples, os NOM excedem em abundância a maioria dos outros componentes inorgânicos e orgânicos das águas naturais [23] e encontram-se em todas as águas de superfície e em muitas fontes de águas subterrâneas.

O intervalo de concentração comum de NOM registado é de 1-15 mg C/L em sistemas de água doce [22]. Estas moléculas surgem biologicamente a partir da decomposição de materiais vegetais ricos em lenhina [24-26] e da decomposição de restos orgânicos mortos de animais e micróbios num processo mal compreendido conhecido como humificação [27]. Ao contrário de outros compostos orgânicos, as moléculas de NOM não são descritas em termos de uma estrutura química única [28-29]. Em vez disso, são definidas operacionalmente com base em dois critérios. O primeiro é a filtração da amostra de água através de uma membrana de 0,45µm. O filtrado é considerado matéria orgânica "dissolvida" (MOD) e, uma vez que aproximadamente 50% da massa da MOD é carbono, que pode ser facilmente medido por técnicas oxidativas ou de combustão, a COD é frequentemente utilizada como medida de concentração substituta [23]. O segundo critério é a solubilidade ácido-base [29]. A um pH baixo, as moléculas de elevado peso molecular (ácidos "húmicos") de uma amostra de NOM precipitam, enquanto as moléculas de baixo peso molecular (ácidos "fúlvicos") permanecem na solução [29-30].

O quadro 1 descreve sucintamente as propriedades físicas e químicas dos ácidos húmicos e fúlvicos. O quadro mostra claramente que o carbono é o principal conteúdo dos ácidos húmicos e fúlvicos, enquanto o enxofre é o conteúdo menor, pelo que a medição do COT dá uma boa estimativa da concentração dos ácidos húmicos e fúlvicos. A estrutura química do ácido húmico é apresentada na figura 1, que mostra a complexidade da sua estrutura.

Quadro 1. Propriedades físicas e químicas dos ácidos húmicos e fúlvicos

Imóveis	**Ácido húmico**	**Ácido fúlvico**
Composição elementar (% em peso)		
C	**50-60**	**40-50**
H	**4-6**	**4-6**

O	30-35	44-50
N	2-4	<1-3
S	1-2	0-2
Solubilidade em ácido forte	**Não solúvel**	**Solúvel**
(pH=1)		
Gama de pesos moleculares	**Poucos 100 a milhões**	**180-10,000**

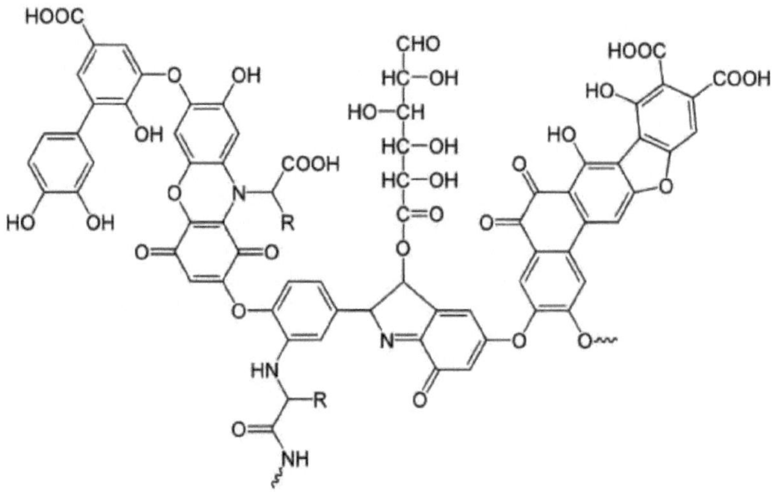

Fig. 1. Estrutura química do ácido húmico [31].

CAPÍTULO II

PESQUISA BIBLIOGRÁFICA

2.1. . Desinfectantes comuns utilizados na desinfeção de águas de superfície

O cloro continua a ser o agente desinfetante mais popular devido à sua capacidade de matar a maioria dos agentes patogénicos. No entanto, em 1974, descobriu-se que a cloração da água potável resultava na produção de trihalometanos e ácidos haloacéticos (THMs e HAAs) devido à reação do cloro com a matéria orgânica natural dissolvida na água. Desde então, foram identificadas centenas de outros subprodutos da desinfeção (SPD), incluindo ácidos haloacéticos e haloacetonitrilos [33-34]. Desde a década de 1980, os SPD têm suscitado grande preocupação devido à evidência dos seus efeitos adversos na saúde humana, em especial cancro e perturbações reprodutivas [35-37].

A formação de subprodutos orgânicos dos processos de cloração e ozonização está bem estabelecida [38]. Os subprodutos da cloração são considerados de baixa biodegradabilidade e não conduzem a um novo crescimento bacteriano num sistema de distribuição [39-41]. Em contraste, a maioria dos subprodutos da ozonização são altamente biodegradáveis e têm de ser removidos antes de libertar a água para o sistema de distribuição [42-43]. Os subprodutos mais comuns da ozonização são os aldeídos e os ácidos carboxílicos de cadeia curta. Estes dois grupos de compostos constituem apenas cerca de 40% do carbono orgânico biodegradável (BDOC), e as estruturas dos restantes 60% são ainda desconhecidas [44-50].

De acordo com Richardson e outros [51-54], a oxidação de NOM com dióxido de cloro (ClO2) também gera subprodutos orgânicos, por exemplo, aldeídos e ácidos carboxílicos de cadeia longa. Vários estudos realizados [53-55] referem que os subprodutos mais comuns da desinfeção da água com ClO2 são o formaldeído, o acetaldeído, o glioxal e o metilglioxal. No entanto, nenhuma das fontes bibliográficas menciona sequer a possibilidade de formação de carbono orgânico dissolvido biodegradável (BDOC) após a oxidação de NOM pelo ClO2. Foi referido que a desinfeção da água com ClO2 gera quantidades significativas de subprodutos biodegradáveis [56]. Por outro lado, a desinfeção da água natural com ClO2 gera quantidades significativas de subprodutos biodegradáveis. Consequentemente, a remoção de NOM como precursor dos subprodutos da oxidação é de grande importância.

2.2. . Efeitos adversos para a saúde dos trihalometanos e dos ácidos haloacéticos

A preocupação em torno dos SPD formados durante o processo de desinfeção baseia-se na evidência de que estes subprodutos têm alguns efeitos adversos para a saúde, em particular cancro e distúrbios reprodutivos [57-58]. A água potável pode ser ingerida de diferentes maneiras, como a-Banho

b-Chuveiro

c-Utilização de piscinas

d-Alimentos e bebidas

Tubic et al. [59] desenvolveram um modelo de exposição para considerar os três principais cenários associados à exposição provável por inalação de THM, incluindo o duche, as actividades pré e pós-cozedura e os processos de cozedura. Os resultados do modelo mostram que a exposição média por inalação de THM no duche, nas actividades pré e pós-cozedura e nos processos de cozedura é de 26,4, 1,56 e 3,29 μg/dia, respetivamente. A exposição total por inalação aos THMs foi considerada comparável àquela por ingestão direta, indicando que a inalação é um caminho importante para a exposição aos THMs da água potável [60-62].

Estudos epidemiológicos aprofundados mostraram um aumento do risco de cancro da bexiga, do estômago, do intestino grosso, do cólon e do reto em zonas onde foram utilizadas águas de superfície cloradas. Hauber e Huixian [63-64] utilizaram um método estatístico para compilar os resultados de muitos estudos efectuados entre 1966 e 1991 para avaliar os efeitos dos subprodutos da cloração. Concluíram que os estudos apoiavam uma forte associação entre o cancro da bexiga e a exposição a subprodutos da desinfeção na água potável e indicavam também uma relação bastante forte entre o cancro do reto e os subprodutos da cloração. Uma literatura consideravelmente mais rica que relata efeitos adversos para a saúde através de estudos toxicológicos laboratoriais está disponível nestas referências [65-68].

Os efeitos adversos de algumas das principais DBPs estão resumidos na Tabela 2. Dois estudos europeus, que utilizaram o método de desinfeção como marcador de exposição, apoiaram uma associação entre os subprodutos da cloração e as medidas de crescimento fetal. Um estudo de base hospitalar realizado em Itália revelou pesos médios à nascença inferiores entre as mulheres com mais de 30 anos de idade que consumiram água clorada e referiu associações com baixo peso à nascença e parâmetros somáticos [68-69]. Foi relatado que o efeito dos sistemas tratados com cloro nos parâmetros somáticos de comprimento do corpo e perímetro cefálico, bem como uma associação com baixo peso à nascença e parto prematuro [70]. No entanto, outro estudo efectuado em Taiwan não encontrou provas de uma associação entre o baixo peso à nascença e a cloração, mas os municípios que utilizavam a cloração tinham uma taxa significativamente mais elevada de partos prematuros [71-73].

Tabela 2. Informação toxicológica de alguns SPD (modificado de USEPA,1999b [74])

DBPs	Composto	Classificação	Efeitos nocivos
THMs	$CHCl_3$	B2	Cancro, efeitos no fígado, nos rins e na reprodução
	$CHClBr_2$	C	Efeitos no sistema nervoso, no fígado, nos rins e na reprodução
	$CHCl_2Br$	B2	Cancro, efeitos no fígado, nos rins e na reprodução
	$CHBr_3$	B2	Cancro, efeitos no sistema nervoso, fígado e rins
HAAs	$CHCl_2COOH$	B2	Cancro, efeitos na reprodução e no desenvolvimento
	CCl_3COOH	C	Efeitos no fígado, rins, baço e desenvolvimento
Compostos inorgânicos	Bromato	B2	Cancro
	Clorito	D	Efeitos no desenvolvimento e na reprodução

B2: Provável carcinogéneo para o homem (provas laboratoriais suficientes).

C: Possível carcinogéneo para o ser humano.

D: Não classificável.

A Tabela 3 representa as diretrizes para os níveis de THMs e HAAs na água potável de acordo com a OMS, a USEPA e o Ministério da Saúde do Egito (2007). A partir da tabela, o nível de HAAs nas três diretrizes é o mesmo (60 μg/L), enquanto valores diferentes são observados para THMs.

Tabela 3. Normas/orientações relacionadas com THMs (μg/L) e HAAs (μg/L) em várias orientações do mundo

Composto	OMS 2007	USEPA 2001	Egípcio-orientações 2007
Clorofórmio	200	Não mencionado	300
Bromodiclorometano	60	60	60
Dibromoclorometano	100	Não mencionado	Não mencionado

Bromofórmio	100	Não mencionado	100
Trihalometanos	80	100	100
DCAA	50	Não mencionado	50
TCAA	200	Não mencionado	100
HAAs	60	60	60

OMS.... Organização Mundial de Saúde

DCAA... Ácido dicloroacético TCAA. Ácido tricloroacético

2.3. . Modelos de modelação utilizados para o tratamento de trihalometanos e ácidos haloacéticos

Para além dos estudos experimentais, nas últimas décadas foram dedicados muitos esforços à modelação da formação de DBP no que respeita às variações temporais ou ao efeito da temperatura. Um grande conjunto de tais modelos foi obtido por regressão ou técnicas estatísticas [75-80]. No entanto, seria mais desejável e representativo que o modelo fosse derivado da mecânica cinética [81-83]. A abordagem alternativa de avaliação dos efeitos das substâncias químicas descontínuas requer um trabalho maciço de monitorização no terreno que exige um apoio técnico e financeiro extraordinariamente elevado. A este respeito, Clark et al. [84] estabeleceram um modelo cinético para a formação de SPD, assumindo que a formação segue a cinética de reação de segunda ordem. Este modelo era, no entanto, relativamente difícil de aplicar devido à sua forma complexa e às suas numerosas variáveis.

Outro modelo, que utiliza um formato simplificado, foi desenvolvido por Gang et al., (2003) [85], no qual se assume que a formação de DBP segue um modo de reação paralelo de primeira ordem. No entanto, tanto o modelo de Clark como o de Gang assumem uma associação proporcional entre a formação de DBP e o consumo de cloro.

Este pressuposto pode não ser adequado, uma vez que o consumo total de cloro pode resultar, em grande medida, da auto-decomposição do ácido hipocloroso, bem como de reduções não produtoras de PBD (como as reacções com os iões redutores e a absorção biológica) [86-89]. Além disso, alguns estudos mostraram que o precursor orgânico era mais influente, em comparação com o consumo global de cloro, na reação de formação de DBP [90-93].

2.4. . Factores que afectam a formação de subprodutos de desinfeção

A concentração e a especiação dos SPD são afectadas por muitos parâmetros de qualidade da água (nível de NOM, pH, brometo/nitrito, etc.) e também pelas condições de funcionamento, tais como (o desinfetante, a dosagem, o tempo de reação, etc.). No caso da cloração, a formação de THMs e HAAs aumenta geralmente com o aumento da dose de cloro e do nível de NOM [94-97]. Além disso, o pH elevado pode aumentar a produção de THMs, mas pode reduzir a formação de HAAs [98-100]. O aumento do nível de brometo deslocou a especiação dos SPD para espécies mais bromadas [101-102].

Estudos limitados mostraram que a formação de THMs e HAAs aumentou à medida que o pH diminuiu durante a cloraminação, e o aumento nos rendimentos à medida que o tempo de reação se prolongou foi baixo [104-108]. Von Gunten [109] relatou que baixos níveis de brometo em muitas águas (<20 μg/L) não são problemáticos para subprodutos derivados de brometo. Para níveis de brometo que variam de 50-100 μg/L, a formação excessiva de compostos bromados pode já se tornar um problema, especialmente para o bromato [110-112]. Muitos estudos anteriores mostraram os vários efeitos da pré-ozonização sobre os precursores regulados de C-DBPs, dependendo da matriz da água. Os investigadores mostraram que a ozonização antes da cloração é um método eficaz para a remoção de NOM e precursores específicos de THM durante o tratamento de água potável [113-114], enquanto alguns estudos descobriram que o processo de pré-ozonização aumentou a formação de THMs [115].

Wang [116] investigou o comportamento das substâncias húmicas como precursoras de THM em amostras de água de rio. O total de THM formado e a concentração de substâncias húmicas mostraram uma alta correlação (r^2 =0,932). Além disso, observaram que as tendências para as alterações sazonais nas concentrações do potencial de formação de trihalometanos (THMFP) eram quase consistentes com as das substâncias húmicas. Existem provas substanciais de que as substâncias húmicas são constituídas por um esqueleto de unidades alquílicas/aromáticas reticuladas principalmente por grupos de oxigénio e azoto, sendo os principais grupos funcionais os ácidos carboxílicos, hidroxilos fenólicos e alcoólicos, grupos cetona e quinona [117-120].

Amy et al., [141] estudaram a THMFP associada às fracções de ácidos fúlvicos e húmicos de várias substâncias húmicas aquáticas. Verificaram que, em geral, os ácidos fúlvicos das águas subterrâneas apresentavam o THMFP mais baixo, enquanto os ácidos fúlvicos das águas superficiais apresentavam um THMFP mais elevado e os ácidos fúlvicos dos pântanos apresentavam o THMFP mais elevado. Para além da importância das flutuações sazonais dos PAD, tem havido uma maior preocupação e sensibilização para o cumprimento da regulamentação [121-125], sendo também considerável o efeito da temperatura nas alternâncias dos PAD na utilização doméstica e pública [126-131]. Alguns estudos incluíram o efeito da temperatura, descrevendo as variações de PAD a diferentes temperaturas. Por exemplo, Wu [132] efectuou uma investigação exaustiva sobre a variação temporal dos SPD através da fervura da água da torneira, expandindo a base de dados de ocorrência de SPD para temperaturas elevadas

Zhang et al., Pope et al., e Qiao [133-135] estudaram o efeito da temperatura a 4 e 23°C nas taxas de decomposição dos ácidos trihaloacéticos. Yang et al. [136] compararam os diferentes níveis de formação de ambas as PDB atualmente regulamentadas e emergentes a 10-30 °C após 72-h de incubação. No entanto, não foi efectuado nenhum estudo sistemático que analisasse quantitativamente o efeito da temperatura na formação de SPD. Os estudos anteriores efectuados por Zhang et al. [134] para a variação do efeito da temperatura nas variações temporais de SPD visaram as espécies regulamentadas (THMs e HAAs) em vez das emergentes. Na verdade, algumas DBP emergentes, como os haloacetonitrilos azotados (HAN) e os halonitrometanos (HNM), podem apresentar riscos potenciais muito mais elevados para a saúde, tendo sido consideradas como candidatas a um futuro controlo regulamentar [137-140].

2.5. . Potenciais de formação do trihalometano e do ácido haloacético

As fontes precursoras de THM não húmicas geram THMs em concentrações comparáveis às obtidas a partir da cloração de materiais húmicos, como referido em [141-145]. Marhaba et al. [146] e Van Leuveen et al. [147] efectuaram uma investigação sobre a THMFP da matéria orgânica dissolvida num lago eutrófico pouco profundo no Japão. A matéria orgânica dissolvida (DOM) em amostras de água do Lago Kasumigaura, o segundo maior lago do Japão, foi fraccionada e caracterizada utilizando adsorventes de resina em 5 classes: substâncias húmicas aquáticas (AHS), neutros hidrofóbicos (HPON), ácidos hidrofílicos (HiA), bases hidrofílicas (HiB) e neutros hidrofílicos (HiN). Quando se examinou o potencial de formação de trihalometanos (THMFP) dos AHS e das fracções hidrofílicas (HiF) (HiF= HiA+BaS+HiN), verificou-se que o THMFP das HiF, normalizado numa base DOC, era comparável ao dos AHS (0,176 mmol THM/mg C para as HiF e 0,195 mmolTHM/mg C para os AHS). Quando a THMFP foi avaliada em termos de concentração, a THMFP do HiF foi muito superior à do AHS (0,374 mmolTHM/L para o HiF e 0,229 mmolTHM/L para o AHS), mostrando a importância do HiF sobre o AHS como precursor de THM. Fracionaram o material orgânico dissolvido (DOM) de uma estação convencional de tratamento de águas superficiais no norte de Nova Jersey e descobriram que a fração ácida hidrofílica era o precursor mais reativo de THM. A remoção da fração de ácido hidrofílico removeu 70% do THMFP.

Um novo estudo foi efectuado por Hiroshi [148] para correlacionar as relações entre a produção de DCAA e TCAA e a degradação do substituto NOM. Foi observada uma relação distinta para o tratamento UV/H2O2 da leucina: quanto mais leucina era degradada, mais DCAA ou TCAA era produzido. Poder-se-ia assumir que os precursores de HAA foram produzidos no tratamento da leucina com UV/H2O2. Uma interpretação posterior deve considerar a não linearidade da relação entre a degradação da leucina e o aumento do potencial de formação de HAA. O aumento das concentrações de DCAA ou TCAA em função da leucina degradada reflecte um aumento exponencial em vez de linear. Poder-se-ia assumir que o produto de degradação primário não seria um precursor de HAA numa perspetiva cinética. Mais provavelmente, os compostos de degradação na segunda metade da via de degradação global contribuíram para a produção de HAA. Considera-se geralmente que os compostos de ácido β-ceto ou de β-carbonilo são os principais precursores dos HAA [149-152]. Além disso, presume-se que os compostos que têm uma estrutura semelhante à dos precursores conhecidos são produzidos durante o tratamento da leucina com UV/H2O2.

Estudos anteriores sugeriram que a abstração de átomos de hidrogénio de grupos β ou de outros grupos CH da espinha dorsal das moléculas poderia ser a reação primária do radical hidroxilo com a leucina [153-155]. Além disso, presume-se que as reacções subsequentes encurtam a cadeia de carbono dos aminoácidos alifáticos, o que pode levar à produção de uma estrutura β-ceto ou β-carbonilo. Seriam necessárias várias etapas adicionais desde a abstração inicial de H até à produção de uma estrutura β-ceto ou β-carbonilo. Esta hipótese está de acordo com o "aumento exponencial" do potencial de formação de HAA. Não foram observados aumentos no potencial de formação de DCAA e TCAA para a serina. Para o papel dos radicais hidroxilo, a degradação começaria a partir da abstração do átomo de α H de um grupo β-CH. Embora não tenham sido identificadas outras vias, poder-se-ia especular que qualquer outro produto de degradação não seria suficientemente longo para ter um carbono β. Tornar-se-ia então impossível que os produtos de degradação tivessem uma estrutura β-ceto ou β-carbonilo, o que resultou em potenciais de formação estáveis de DCAA e TCAA durante o tratamento. O potencial de formação de DCAA e TCAA foi reduzido durante o tratamento com resorcinol. Foi referido que o radical hidroxilo ataca o anel de benzeno do resorcinol, levando à abertura do anel. A comparação de 20 aminoácidos em estudos anteriores identificou uma possível contribuição do anel de benzeno para o potencial de formação de HAA [156-160]. De acordo com estes dados mencionados, o radical hidroxilo pode atacar o anel de benzeno do resorcinol, o que provoca uma abertura do anel, resultando finalmente numa redução do potencial de formação de HAA. E os efeitos do tratamento UV ou UV/H2O2 no potencial de formação de HAA foram investigados experimentalmente. Foi claramente demonstrado que os intermediários de degradação da leucina contribuem para um aumento do potencial de formação de HAA. Poder-se-ia especular que o radical hidroxilo encurtou a cadeia de carbono da leucina, o que resultou numa estrutura β-ceto ou β-carbonilo. Partindo deste pressuposto, especula-se que os aminoácidos alifáticos mais longos poderiam aumentar o potencial de formação de HAA durante o tratamento, embora possam existir outras possibilidades [161-167].

2.6. . Processos de oxidação avançados e sua relação com a formação de SPD

Muitos estudos consideraram os efeitos da pré-ozonização na formação de SPD. Embora a maioria desses estudos tenha relatado que a pré-ozonação pode reduzir a formação de trihalometanos (THMs) e ácidos haloacéticos (HAAs) durante a cloração ou cloraminação [30-32 e 81-82]. Alguns estudos mostraram que o processo de pré-ozonação aumentou a formação de THMs [108 e 141]. Do mesmo modo, os impactos da oxidação de O3/H2O2 na formação de DBP variam muito, dependendo da natureza das espécies. Além disso, foi referido que, em comparação com o O3 isolado, o O3/H2O2 pode remover mais de 21% do potencial de formação de HAA [168], diminuir ou manter o potencial de formação de THM [169] e aumentar a formação de halogéneos orgânicos dissolvidos.

A formação de SPD azotados emergentes em processos sequenciados de ozonização-cloração e ozonização-cloraminação tem sido estudada com pouca frequência. Em muitas águas foi observado um aumento dos halonitrometanos (HNM) com o pré-tratamento com ozono [170-172]. Embora os precursores de haloacetonitrilo (HAN) tenham sido reduzidos com dosagens elevadas de ozono, foram aumentados com dosagens baixas de ozono [173].

A formação de muitos outros SPD durante os processos de O_3/H O -Cl_{222} não é atualmente conhecida [174-177]. Sabe-se que a formação de SPDs depende de muitos factores, tais como as caraterísticas dos precursores, as condições de reação (por exemplo, pH e temperatura) e o tipo de oxidante [178-180]. Por um lado, tanto o ozono como o radical hidroxilo induzido pelo H2O2 são agentes electrofílicos fortes que podem decompor os centros nucleofílicos da matéria orgânica natural (NOM), o que leva a uma menor quantidade de precursores de alguns SPD [181-182], mas, por outro lado, o ozono e o radical hidroxilo podem oxidar a NOM para produzir maiores quantidades de estruturas semelhantes à metilcetona, que são consideradas precursores principais dos THM e dos halogenetos orgânicos totais (TOX) [183-184]. Assim, é difícil prever as espécies de SPD resultantes da reação do O3 e do O3/H2O2 com NOM [185].

Em suma, o O3 reage preferencialmente com ligações insaturadas a grupos funcionais saturados oxigenados em NOM, tais como grupos aldeídicos, cetónicos e carboxílicos [186-187]. A adição de H2O2 ao O3 conduziu a uma maior taxa de produção de radicais OH. No entanto, a maior taxa de formação de OH é obtida à custa de um maior consumo de O3 [188]. Em contraste com o O_3, acredita-se que os radicais OH são oxidantes não selectivos, que reagem muito rapidamente com a grande maioria dos compostos orgânicos na água [189], entre os quais as moléculas orgânicas com ligações insaturadas reagem mais rapidamente com os radicais OH do que as ligações C-C saturadas ou as ligações CH [190].

Os dados sobre o efeito da ozonização na formação de HNMs por cloração são limitados. Uma das conclusões mais notáveis foi que a formação de HNMs aumentou substancialmente quando a ozonização foi utilizada antes da cloração [183]. Informações mais pormenorizadas sobre a identidade dos potenciais precursores de HNM nas fracções individuais de NOM antes e depois da oxidação da água foram fornecidas por [191].

Os subprodutos halogenados cancerígenos da desinfeção (SPD) formam-se geralmente durante a cloração de águas que contêm várias substâncias orgânicas [192- 193]. Entre estes SPD, os trihalometanos (THMs) e os ácidos haloacéticos (HAAs) foram regulamentados nos países da União Europeia (THMs) e nos EUA (THMs, HAAs) [194]. Para cumprir os regulamentos, foram envidados muitos esforços para minimizar a formação destes compostos. Esforços recentes têm sido direcionados para a identificação e redução dos precursores da formação de SPD. Os precursores identificados incluem o ácido húmico (HA) [194], o ácido cítrico [191], as células de algas [190], as metilcetonas [192], os compostos orgânicos azotados [195] e o hidroxilbenzeno [189].

2.7. . Atenuação dos níveis de SPD e seus precursores por diferentes métodos

A remoção de DOM das águas pode ser um problema significativo na qualidade da água potável tratada, especialmente após a desinfeção química [195]. A composição complexa e o comportamento das águas residuais podem apresentar problemas significativos, tais como a formação de cor, o apoio ao recrescimento bacteriano, o consumo de cloro desinfetante para reduzir a sua eficácia, a reação com o cloro para formar subprodutos de desinfeção (THMs, HAAs e outros organoclorados), a contribuição para eventos de sabor e odor e a complexação com metais. A coagulação melhorada (ou seja, a coagulação que incorpora dosagens de coagulante mais elevadas para a remoção máxima de águas residuais domésticas do que a necessária para a remoção da cor e da turvação) é regulamentada para aplicação nos Estados pela Agência de Proteção do Ambiente dos EUA (USEPA), ao abrigo da Lei sobre a Água Potável Segura (Disinfectants/Disinfection Byproducts Rule (D/DBPR)) e é considerada a melhor tecnologia disponível para remover as águas residuais domésticas [74].

As águas com baixa absorvância específica de UV (SUVA) podem ser caracterizadas por terem NOM de carácter hidrofílico e menos aromático. A remoção de NOM por coagulação tem sido objeto de um estudo aprofundado, tendo-se verificado um interesse crescente nas propriedades do floco [196]. Os parâmetros operacionais do floco, tais como a resistência do floco e o crescimento do floco após ser quebrado no processo de coagulação, têm um impacto significativo nos trabalhos de tratamento. Por exemplo, pequenos aumentos do cisalhamento durante os processos unitários das estações de tratamento de águas dão origem à rutura do floco, reduzem a sua dimensão e diminuem a eficiência da remoção [195]. Além disso, a estrutura e a dimensão das partículas dos flocos são geralmente reconhecidas como duas propriedades físicas cruciais [196]. O impacto da matéria orgânica na estrutura dos flocos é menos conhecido. Jarvis et al. [90] estudaram as caraterísticas físicas dos flocos de NOM. No entanto, para o objetivo específico de examinar a estrutura dos flocos NOM em águas superficiais com baixo teor de SUVA, pouco foi publicado, uma vez que a maioria dos trabalhos se concentrou em flocos provenientes de águas ricas em NOM ou de águas dominadas pela turbidez

[194].

A remoção das águas residuais domésticas por coagulação é influenciada principalmente pelas suas propriedades químicas e físicas. Certas fracções de MOD, ou seja, as MOD hidrofóbicas e de maior peso molecular, são mais eficazmente removidas por coagulação do que as outras fracções, ou seja, as MOD hidrofílicas e de menor peso molecular [197-200]. A adsorção em resina (AR) é um método informativo de fracionamento químico e tem sido largamente utilizado na caraterização das propriedades químicas das águas residuais domésticas [198-200]. A utilização das resinas XAD-8 (ou DAX-8) e XAD-4 para determinar as distribuições húmicas/não húmicas forneceu informações úteis para a investigação sobre a capacidade de tratamento das águas residuais.

2.8. . Métodos de análise e caraterização de DBPs e seus precursores

A cromatografia de exclusão por tamanho de alto desempenho (HPSEC) é uma técnica analítica laboratorial utilizada para caraterizar as propriedades físicas das DOM e está particularmente bem desenvolvida como técnica de avaliação dos processos de tratamento da água [190-193]. No entanto, o perfil de distribuição do peso molecular aparente (PMA) das águas residuais domésticas com picos sobrepostos só pode fornecer informações qualitativas através da comparação dos perfis de diferentes águas brutas ou de águas antes e depois dos processos de tratamento. Para obter informações mais quantitativas a partir dos dados HPSEC, quando estes estão relacionados com a capacidade de tratamento das águas residuais. Chow et al. [174] desenvolveram uma técnica de ajustamento de picos para resolver os picos sobrepostos numa série de picos individuais, que representam os componentes da matéria orgânica orgânica removíveis ou não removíveis pelo processo de tratamento investigado. A caraterização das águas residuais domésticas e a determinação da sua capacidade de tratamento nas águas dos sistemas fluviais de vários locais da China com elevadas densidades populacionais, caracterizadas por um rápido desenvolvimento e pela poluição da água resultante desse desenvolvimento, são tópicos muito importantes para garantir o abastecimento futuro de água potável. Ao abordar esta questão, é necessário um conhecimento claro da qualidade da água destes recursos hídricos, incluindo a capacidade de tratamento dos constituintes orgânicos.

O desenvolvimento de uma metodologia de caraterização sistemática e de uma base de dados de coagulação que relacione as caraterísticas da água bruta e a remoção de DOM com o desempenho da coagulação para vários coagulantes disponíveis pode fornecer informações e orientações úteis para a conceção, funcionamento e otimização dos processos de tratamento da água [196].

As propriedades dos NOM provenientes de fontes alóctones e autóctones, bem como os respectivos rendimentos em termos de produtos químicos de base, têm sido objeto de uma investigação aprofundada [197-200]. Por exemplo, os NOM alóctones têm geralmente uma quantidade relativamente grande de carbonos aromáticos, presentes sobretudo em fracções hidrofóbicas, e podem dar origem a elevados

de THMs, TCAA e outras DBPs carbonáceas durante a cloração [190194]. Por outro lado, a NOM autóctone é mais alifática e hidrofílica, o que pode produzir níveis relativamente mais baixos de THMs e TCAA, mas níveis mais elevados ou comparáveis de DCAA após a cloração [200]. No entanto, existe uma lacuna de dados no que respeita às caraterísticas reais dos NOM dos sedimentos e à sua associação com a formação de SPD. Uma vez que os sedimentos podem libertar NOM substanciais para a água sobreposta [201] e podem tornar-se potenciais precursores significativos de SPD. É necessário um exame aprofundado dos NOM fraccionados dos sedimentos elutriados e da correspondente formação de SPD, o que poderá fornecer muitas informações e modelos quantitativos para futuras aplicações práticas.

Norwood et al. [190] e Huixian et al. [64] estudaram a reatividade das substâncias húmicas e dos compostos modelo com o cloro. No entanto, não foram encontrados na literatura estudos paralelos sobre as substâncias húmicas terrestres. Esses estudos são necessários, uma vez que este tipo de DOM pode estar presente em concentrações significativas nas albufeiras, em especial após eventos de chuva. Neste estudo, investigou-se a capacidade de tratamento das águas residuais domésticas de várias fontes terrestres pelo alúmen. As águas residuais não removidas pela coagulação com alúmen foram estudadas em termos da sua capacidade de formar THMs e de suportar o crescimento bacteriano.

Por causa dos orgânicos halogenados potencialmente tóxicos como subprodutos de desinfeção (DBPs) produzidos pela matéria orgânica natural (NOM) na água potável após a cloração [188], a pesquisa sobre o tratamento da água potável mudou da remoção de partículas para a remoção de NOM [185]. As caraterísticas da água de origem, incluindo a SUVA, afectam a remoção de NOM e a formação de DBPs. A concentração de SUVA da água de origem varia consoante as zonas, o que significa que os NOM são bastante diferentes nas diferentes fontes de água de superfície e que a concentração de SPD também deve ser diferente. A coagulação tem sido amplamente utilizada para a remoção de NOM no tratamento da água e é normalmente utilizada para tratar grandes concentrações de NOM. A absorvância UV e a SUVA mostraram geralmente uma boa correlação com a formação de SPD, especialmente em águas com valores SUVA relativamente elevados [199].

Até agora, não é claro quais as fracções de NOM (hidrofílicas ou hidrofóbicas) responsáveis pela geração dos subprodutos da ozonização identificados. Para resolver este problema, as amostras de NOM da estação de tratamento de águas foram concentradas e fraccionadas em seis fracções utilizando XAD e resinas de permuta iónica [188-190]. Foram estudadas as caraterísticas de todas as fracções de NOM e a sua reatividade com o ozono e o dióxido de cloro. Utilizou-se a cromatografia de exclusão de tamanho a alta pressão (HP-SEC) para analisar a distribuição do peso molecular (MWD) das fracções de NOM isoladas antes e depois da reação com qualquer um dos oxidantes. Embora o principal objetivo fosse comparar a reatividade de fracções individuais de NOM com oxidantes, a fim de comparar a produtividade do carbono orgânico dissolvido biodegradável (BDOC) após a oxidação com dióxido de cloro e ozono. Foram também estudadas as diferenças entre o MWD das fracções oxidadas e NOM. Este conhecimento pode ajudar a determinar as fracções de NOM que são os precursores do BDOC e que têm de ser removidos durante o tratamento da água. A otimização das operações de tratamento é crucial, uma vez que a presença de subprodutos biodegradáveis pode deteriorar a estabilidade biológica da água acabada, levando (na ausência de desinfetante) a um novo crescimento de microrganismos no sistema de distribuição [201].

CAPÍTULO III

MATERIAIS E MÉTODOS

3.1. 1. Materiais

Todos os produtos químicos utilizados no presente estudo eram do mais alto grau disponível. Os produtos químicos foram adquiridos às empresas Sigma, Tedia, Sharlau e MP. A solução de reserva de ácido húmico (HA) foi preparada dissolvendo 5 g de HA em 1 L de água desionizada. A solução de reserva de NaOCl foi utilizada nas experiências de cloração. O ácido crómico (mistura de ácido sulfúrico e dicromato) foi utilizado para a limpeza de todos os artigos de vidro utilizados. As resinas Amberlite XAD e o carvão ativado granular (CAG) foram utilizados como produtos em estado sólido, tendo sido inicialmente limpos com água desionizada, HCl 0,1 N e NaOH 0,1 N.

Os solventes, n-pentano, metanol e MTBE, eram de qualidade analítica. Os padrões analíticos de THMs e HAAs foram adquiridos da Sigma-Aldrich. O padrão de THMs (1000 µg/mL) em clorofórmio como solvente, enquanto o padrão de HAAs (1000 µg.. mL) em éter metil-terc-butílico (MTBE). Um estoque de solução de cloro livre (HOCl) foi preparado com hipoclorito de sódio (NaOCl) a 5% (da Sigma), que foi diluído para 1100 mg/L como Cl_2. A Tabela 4 resume a lista de produtos químicos que foram utilizados no presente estudo.

3.2. 2. Estratégia de amostragem e programa de monitorização

A determinação da qualidade da água nas estações de tratamento de água potável egípcias selecionadas, Tabela 5, e no seu sistema de distribuição foi realizada através da implementação de um programa de monitorização para medir os diferentes parâmetros da água, tais como DOC, UVA, pH, dureza, alcalinidade, THMs e HAAs ... etc. Este programa de monitorização foi efectuado através da recolha de amostras compostas com o objetivo de determinar a qualidade da água bruta e o efeito do processo de tratamento na formação de SPD na água final tratada.

Tabela 4. Lista de produtos químicos utilizados no presente trabalho

Química	Empresa	CAS	Notas
Ácido húmico	Sigma Aldrich	68131-04-4	Como substituto da NOM.
MTBE	TEDIA	1634-04-4	Para extração de HAA.
Metanol	TEDIA	67-56-1	Para a etapa de esterificação na extração de HAA.
n-pentano	TEDIA	109-66-0	Para extração de THM.

H_2SO_4	Pescador	7664-93-9	Para extração de HAA.
$NaHCO_3$	Sigma- Aldrich	144-55-8	Para extração de HAA.
CAG	Sharlau	7440-44-0	Antes de ser utilizado, é seco a uma temperatura constante de 105 °C durante 24 horas, sendo depois armazenado num dessecador antes de ser arrefecido.
Resina XAD	Sigma Aldrich	9060-05-3	Para experiências de fracionamento de DOC.
$K_2Cr_2O_7$	Fluka	7778-50-9	Para limpar os objectos de vidro.
Na2SO4 anidro	MP biomédicos	7757-82-6	Para extração de HAA.
Aluno	Sigma Aldrich	17927-65-0	Para efeitos de coagulação.
THMs	Sigma Aldrich	47904	A temperatura de armazenamento indicada pelo fabricante é de 2-8°C.
HAAs	Sigma Aldrich	49107	A temperatura de armazenamento indicada pelo fabricante é de 2-8°C.
Solução-mãe de NaOCl	Sigma Aldrich	7681-52-9	Para a cloração exp.
EBT	Sigma Aldrich	1787-61-7	Para dureza exp.
Murexido	Sigma Aldrich	3051-09-0	Para dureza exp.

O programa de monitorização foi realizado em quatro estações de tratamento de água potável (ETA) localizadas nas províncias de Giza e do Cairo (Grande Cairo), Figura 2. As ETAP de El-Dahab Island e Embaba foram selecionadas na província de Giza, enquanto as ETAP de Mostorod e Fostat foram selecionadas na província do Cairo. Nas estações, foram recolhidas amostras de cada fase do tratamento, incluindo a entrada, depois do clarificador, depois da sedimentação e, finalmente, da saída das estações. Para as análises físico-químicas e de teor orgânico, as amostras foram recolhidas em garrafas de vidro âmbar transparente (4 litros de volume), enquanto que para os THM e HAA, as amostras foram recolhidas em garrafas de vidro castanho escuro (120 ml) que foram limpas com ácido crómico. Foram adicionados tiossulfato de sódio e cloreto de amónio para estabilizar os trihalometanos (THM) e os ácidos haloacéticos (HAA), respetivamente. O número de amostras recolhidas nas quatro ETAs nas diferentes fases de tratamento foi de 120 amostras. Por outro lado, 80 amostras foram recolhidas nos locais residenciais (após a bombagem da água tratada no sistema de distribuição). Estas amostras foram utilizadas para a identificação e quantificação de THMs e HAAs. As amostras foram colocadas numa caixa de gelo e conservadas a 4^0 C até à chegada ao laboratório.

A análise das amostras recolhidas foi efectuada logo após a sua receção no laboratório. O tempo máximo para a preservação e análise das amostras contendo THM e HAA foi de duas semanas. As amostras recolhidas nas localidades residenciais abrangem o grande Cairo e têm a sua água proveniente das ETARs selecionadas. A Tabela 5 resume as principais especificações das ETAs estudadas. A capacidade destas estações era de $3{,}78X10^5$ -$1{,}20X10^6$ m^3 /dia. A dosagem de pré-cloração foi de 4,0-6,0 mg/L (estas dosagens são relativamente altas e têm grande contribuição na formação de SPDs). As dosagens de alúmen, para o processo de coagulação, variaram de 28,0 mg/L a 32,0 mg/L e o sistema de filtração foi o Sand Filters. Finalmente, a dosagem de pós-cloração variou entre 0,5 mg/L e 1,5 mg/L.

Para além do programa de amostragem acima referido, foram utilizadas amostras autênticas para estudar os diferentes factores que afectam a formação de THMs e HAAs. Estas amostras foram preparadas adicionando 10 mg/L de COT como ácido húmico e NaOH ou HCl 0,1 N para ajustar o pH a 7,5, de modo a obter amostras com propriedades semelhantes às reais.

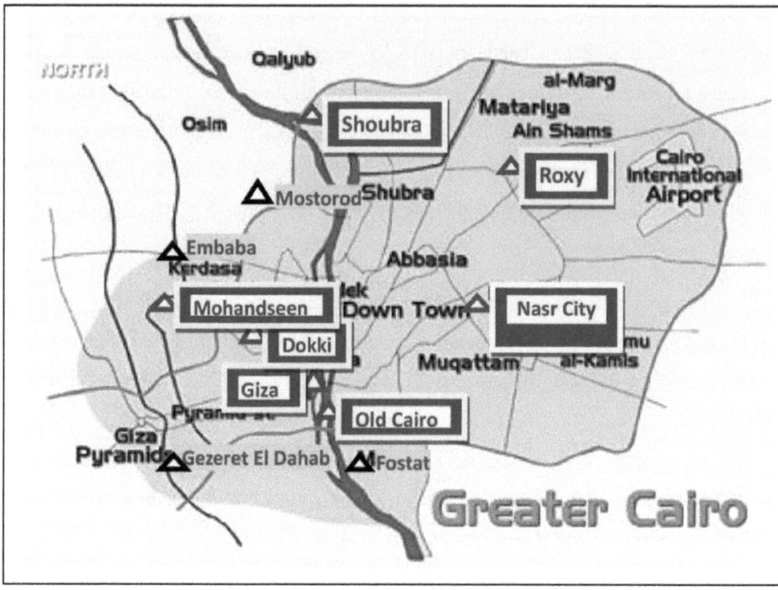

Fig. 2. Pontos de amostragem das ETAs e do sistema de distribuição

DWTPs Name *Os locais de amostragem residencial*

Tabela 5. Descrição das ETAs estudadas

DWTP	Capacidade (m^3/dia)	Dosagem de pré-cloração (mg/L)	Dosagem de alúmen (mg/L)	SF	Dosagem de pós-cloração (mg/L)
Embaba	$1.20X10^6$	5.0	28.0	rápido	0.50
El-Dahab	$3.78X10^5$	6.0	32.0	rápido	1.00
Mostord	$1.00X10^6$	4.0	30.0	rápido	1.00-1.50
Fostat	$9.70X10^5$	4.0	30.0	rápido	1.00-1.50

ETAP: Estações de tratamento de água potável

SF: Filtro de areia

3.3. 3. Técnicas analíticas

3.3.1. 1. Parâmetros físico-químicos

Os valores de pH das amostras de água estudadas foram medidos com o medidor de pH JENWAY

3510, enquanto os valores de turvação foram medidos com o Turbidímetro Micro-100. A condutividade foi medida com o medidor de condutividade JENWAY 4510.

As medições de absorvância UV foram efectuadas utilizando o espetrofotómetro UV/Visível modelo VARIAN Cary-100. A gama de comprimentos de onda e a largura da fenda foram 190-920 nm e 5 nm, respetivamente. As medições UV foram efectuadas a 254 nm [202] após filtração da amostra. Foi utilizada água desionizada como branco. As medições no UV foram efectuadas com células de quartzo de 1 cm de largura.

O teor de matéria orgânica natural (NOM) da água foi medido em termos de carbono orgânico total (TOC). Esta medição foi efectuada pelo analisador TOC Shimadzu 5000A. Este analisador pode medir o carbono total (TC), o carbono orgânico total (TOC) e o carbono inorgânico total (IC). O funcionamento do presente analisador baseia-se no método de análise de gases por combustão/não dispersão por infravermelhos, amplamente utilizado para medições de COT. Antes da análise, medições de COT, o pH de todas as amostras foi ajustado para 2 com HCl diluído. A amostra acidificada foi purgada com ar de alta pureza a um caudal de 150 mL/min durante 10 minutos para remover o teor de carbono inorgânico que se apresenta agora como CO_2. Para cada amostra, a medição foi repetida pelo menos três vezes.

O cloro residual foi medido utilizando o método colorimétrico da dietilfenildiamina (DPD), de acordo com a APHA 1998[202]. O reagente foi adicionado a 10 mL de amostras tamponadas (usando tampão fosfato) onde o Cl_2 residual oxida o DPD para vermelho. A solução total foi titulada com sulfato de amónio ferroso (FAS) até ao ponto final incolor, onde a concentração de cloro pode ser calculada. As medições da dureza da água (que é apresentada como concentração de $CaCO_3$) foram efectuadas através da titulação das amostras de água tamponada, 100 mL, utilizando EDTA 0,1 mol/L aplicando Murexido ou Negro de Eriocromo T (EBT) como indicadores. A alcalinidade foi determinada através de titulação ácido-base utilizando H_2SO_4 0,02 N como titulante (APHA, 1998) [202] aplicando fenolftalina e alaranjado de metilo como indicadores.

3.3.2. 2. Medição de trihalometanos e ácidos haloacéticos

Os SPD foram analisados em todas as amostras para os compostos que contêm cloro e bromo. Estes são os THM e os HAA. No caso dos THM, as espécies medidas foram o diclorobromometano (DCBM), o dibromoclorometano (DBCM), o clorofórmio (CF) e o bromofórmio (BF), enquanto no caso dos HAA as espécies medidas foram o ácido monocloroacético (MCAA), ácido dicloroacético (DCAA), ácido tricloroacético (TCAA), ácido monobromoacético (MBAA), ácido bromocloroacético (BCAA) e ácido dibromoacético (DBAA).

Todas as amostras foram refrigeradas a 4° C e analisadas no prazo de duas semanas. O reagente de derivatização, bem como alguns HAA e THM, eram suspeitos de serem cancerígenos ou tóxicos e foram manuseados de acordo com as fichas de dados de segurança mais actuais. Todo o manuseamento das soluções foi efectuado numa hotte ventilada, utilizando luvas de látex e evitando a inalação ou o contacto com a pele.

Os THM foram quantificados por extração líquido-líquido com n-pentano numa proporção de (5 amostras: 1 solvente) e, em seguida, agitação durante 5 minutos. Em seguida, 1 µL do extrato foi injetado em cromatografia gasosa e deteção por captura de electrões (GC/ECD) de acordo com o método normalizado 6232 (APHA, 1998) [202].

No que diz respeito à identificação dos HAA, a extração com MTBE das amostras de HAA foi feita imediatamente, de acordo com o método da EPA (2003) [203]. As amostras frias foram deixadas à temperatura ambiente e depois sujeitas a extração líquido-líquido com MTBE. A camada de solvente foi então submetida a uma etapa de derivação, designada por Esterificação de Fisher (através de uma mistura de metanol e ácido sulfúrico) dos HAA aos seus respectivos ésteres metílicos. Esta etapa é obrigatória para que os HAAs sejam adequados para análise cromatográfica em fase gasosa (GC), onde os ésteres têm baixa volatilidade e alta polaridade [203].

A identificação e a quantificação dos THM e dos HAA foram efectuadas de acordo com o método normalizado 6232 (APHA 1998) [202]. Para identificar e quantificar os SPD, foi utilizado um GC Hewlett Packard HP série 6890 com detetor de captura de electrões (ECD). Neste estudo, foi utilizada a coluna capilar HP-1 com especificações, 30 m×0,53 mm ID e 0,5 µm de espessura de película. O gás de transporte e de compensação foi azoto puro (99,999% de pureza). A temperatura do injetor e o volume de injeção foram de 210 C e 1 µL, respetivamente. A temperatura inicial da coluna foi de 40 C. Após um tempo de espera inicial de 10 minutos, a temperatura foi programada para subir para 65 C a uma taxa de 5 °C/min, depois com uma taxa de 10 °C/min para 85 °C e finalmente com uma taxa de 20 °C/min para 205 °C. Após a execução, manter 210 °C durante 7 min.

Foi aplicado um programa de controlo de qualidade durante a análise, que inclui as seguintes etapas

1- O branco de reagente de laboratório (LRB) foi efectuado com cada conjunto de análises.

2- A quantificação das DBPs foi efectuada utilizando padrões externos com coeficiente para curvas de calibração superior a 0,995.

3- O programa de calibração foi verificado em cada dia de trabalho através da medição de um ou mais padrões. Foi efectuada uma amostra aleatória em triplicado. A amostra de controlo do laboratório foi analisada com cada série de amostras.

111.3.3. Medição do potencial de formação de trihalometano e ácido haloacético

Os ensaios do potencial de formação de trihalometano (THMFP) e do potencial de formação de ácido haloacético (HAAFP) foram efectuados de acordo com as seguintes etapas:

- Determinação da necessidade de cloro de uma amostra de 1 litro pelo método colorimétrico DPD (Standard Methods, 1998).
- Dosagem do excesso de cloro.
- Ajustar o pH a 7,0 por adição de tampão fosfato.
- Incubar as amostras a 25 °C até ao final do período de reação (que é identificado pela medição da necessidade de cloro).
- Determinação de THMs e HAAs por extração líquido-líquido seguida de análise por cromatografia gasosa (GC/ECD). A concentração de cloro residual foi novamente medida pelo método colorimétrico DPD (método 4500-Cl2).
- A seguinte equação foi aplicada para calcular o potencial de formação:-

$$THMFP = THM_7 - THM_0$$

$$HAAFP = HAA_7 - HAA_0$$

Em que THM0 é a concentração de THMs no início da experiência e THM7 é a concentração de THMs após 7 dias.

111.3.4. Procedimento de fracionamento do carbono orgânico dissolvido

O fracionamento da matéria orgânica natural (NOM) foi efectuado através do esquema simplificado de fracionamento de NOM, utilizando um pequeno volume de resina (~8 mL) embalado numa coluna de vidro de 30 cm. As resinas XAD-8 e XAD-4 foram utilizadas para todos os procedimentos de fracionamento, a fim de separar NOM em fracções hidrofóbicas (HPO), transfílicas (TPI) e hidrofílicas (HPI), seguindo o procedimento desenvolvido por Croue' *et al.* [40]. Foi utilizada uma amostra de água de um litro nestas experiências. Inicialmente, as amostras de água foram filtradas através de um filtro de membrana de nylon de 0,45 µm para remover partículas e, em seguida, acidificadas a pH 2,0 com ácido perclórico ($HClO_4$). A amostra acidificada foi passada através de uma pequena coluna XAD-8 a um caudal de aproximadamente 5 mL/min, resultando na remoção da fração hidrofóbica. O efluente foi então passado através de uma pequena coluna XAD-4, removendo o material transfílico e deixando apenas matéria hidrofílica no efluente final. Após cada utilização, as colunas foram lavadas com um total de 100 mL de NaOH 0,1 N e 100 mL de HCl 0,1 N, alternando entre ácido e base, seguidos de 200 mL de água desionizada (caudal de 20 mL/min). O fracionamento foi repetido 4 vezes para cada rodada de amostragem. As amostras de efluentes fraccionados das colunas XAD-8 e XAD-4 foram ajustadas a pH 7,0 com hidróxido de sódio e tamponadas com tampão fosfato 0,03 mol/L antes de serem analisadas ou utilizadas para experiências de cloração. O tampão de fosfato foi utilizado para preservar o conteúdo orgânico das amostras.

111.3.5. Factores que afectam a formação de trihalometanos e ácidos haloacéticos

Foi preparada uma série de amostras de controlo em determinadas condições para estudar o efeito da concentração do carbono orgânico total (COT), do pH, do tempo de contacto entre o cloro e o teor de matéria orgânica natural na água, da temperatura das massas de água e da dosagem de cloro na formação de THM e HAA. Em cada experiência, todos os parâmetros foram constantes em determinadas condições, exceto o fator em consideração, por exemplo, para estudar o efeito da alteração da dosagem de cloro, apenas a dosagem de cloro é a variável, enquanto o COT, o pH, o tempo de contacto e a temperatura permanecem constantes. As amostras foram recolhidas de cada experiência em frascos de vidro amarelo âmbar, com os fixadores de trihalometanos (utilizando tiossulfato de sódio) e ácidos haloacéticos (utilizando cloreto de amónio).

A série experimental pode ser explicada resumidamente do seguinte modo

1- Série 1: O efeito do pH

Neste estudo foi utilizada uma série de amostras com valores de pH variáveis (de 5,0 a 9,0), e tempo de contacto constante (120 minutos), COT (10 mg/L), dosagem de cloro (5 mg/L) e temperatura (25°C).

2- Série 2: O efeito da dosagem de cloro

Neste estudo foi utilizada uma série de amostras com dosagem variável de cloro (de 2,5 a 10 mg/L) e tempo de contacto constante (120 minutos), COT (10 mg/L), pH (7,5) e temperatura (25°C).

3- Série 3: O efeito da concentração de COT

Neste estudo, foi utilizada uma série de amostras com concentração variável de COT (de 2 a 15 mg/L) e tempo de contacto constante (120 minutos), dosagem de cloro (5 mg/L), pH (7,5) e temperatura (25°C).

4- Série 4: O efeito da temperatura da massa de água

Neste estudo, foi utilizada uma série de amostras com temperaturas variáveis (de 18 a 30°C) e tempo de contacto constante (120 minutos), COT (10 mg/L), pH (7,5), dosagem de cloro (5 mg/L).

5- Série 5: O efeito do tempo de contacto

Neste estudo foi utilizada uma série de amostras com tempo de contacto variável (de 15 a 120 min) entre o COT e o cloro a uma dosagem constante de cloro (5 mg/L), COT (10 mg/L), pH (7,5) e temperatura (25°C).

Os resultados destes estudos indicarão as condições em que a formação de DPBs (THMs e HAAs) pode ser minimizada.

III.3.6. Aplicação da condição de tratamento optimizada a amostras reais de água

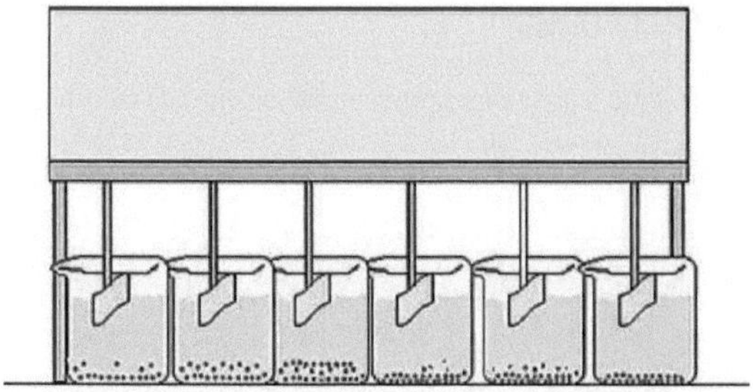

Fig. 3. O teste Jar para otimização dos níveis de THMs e HAAs.

Para o ensaio de jarros à escala de bancada, Fig. 3, quatro jarros de 1 litro foram enchidos com água bruta recolhida do rio Nilo e submetidos a um agitador à escala de bancada (Phipps e Bird). Estas amostras de água foram recolhidas na entrada das ETAP estudadas. Foram efectuados dois tipos de experiências para cada amostra. O primeiro foi o tratamento da água bruta aplicando o método convencional que normalmente se aplica na estação de tratamento. O segundo foi o tratamento da mesma água bruta com os métodos sugeridos aplicando as condições optimizadas do presente estudo. A água tratada, aplicando os dois métodos, foi recolhida e submetida a análises físico-químicas, THMs e HAAs.

Uma série de ensaios experimentais à escala de bancada com amostras reais de diferentes ETAR (Embaba, Fostat, Mostorod e ilha de El Dahab) para analisar o pH, UVA_{254}, turbidez, DOC, HAA e THM.

Para a análise dos THM e dos HAA, as amostras foram recolhidas em frascos amarelos âmbar contendo tiossulfato de sódio e cloreto de amónio como conservantes para os THM e os HAA, respetivamente. Quanto às medições dos parâmetros físico-químicos, não foi efectuado qualquer pré-tratamento especial das amostras.

No presente estudo, foram seguidas as seguintes linhas de tratamento

Comboio 1: o tratamento convencional na ETAR de Embaba

Trem 2: o trem de tratamento otimizado para a água bruta da entrada da estação de Embaba.

Comboio 3: o tratamento convencional na ETAR de Fostat

Comboio 4: o comboio de tratamento optimizado para a água bruta proveniente da entrada da estação de Fostat.

Comboio 5: tratamento convencional na ETAR de Mostorod

Comboio 6: o comboio de tratamento optimizado para a água bruta proveniente da entrada da estação de Mostorod.

Comboio 7: tratamento convencional na ETAR de El-Dahab

Comboio 8: o comboio de tratamento optimizado para a água bruta proveniente da entrada da estação de El- Dahab.

Estas linhas de tratamento estão resumidas na figura 4. Neste estudo, as soluções de reserva de dióxido de cloro foram preparadas através da recolha de ClO2 gasoso gerado através da reação entre H2SO4 e NaClO2 de acordo com o método padrão 4500-ClO2 B (APHA, 1998). A solução de reserva foi padronizada utilizando um espetrofotómetro UV a 360 nm [203]. O ozono foi gerado a partir do oxigénio utilizando um gerador de ozono (Ozonia, CFS 1A, Suíça). O gerador de ozono foi ligado durante um mínimo de 15 minutos antes do início de uma corrida para permitir a estabilização da saída. O fluxo de gás de ozono do gerador foi alimentado continuamente através do fundo do reator como microbolhas durante a duração de uma corrida. O filtro rápido de areia e os filtros de carvão ativado granular foram preparados utilizando colunas com 50 cm de comprimento e 8 cm de diâmetro. A água obtida a partir dos processos de coagulação ou de coagulação reforçada foi bombeada através da coluna com uma bomba peristáltica e uma mangueira de silicone com 8 mm de diâmetro interno. A velocidade da água foi controlada a 5,5 m/h.

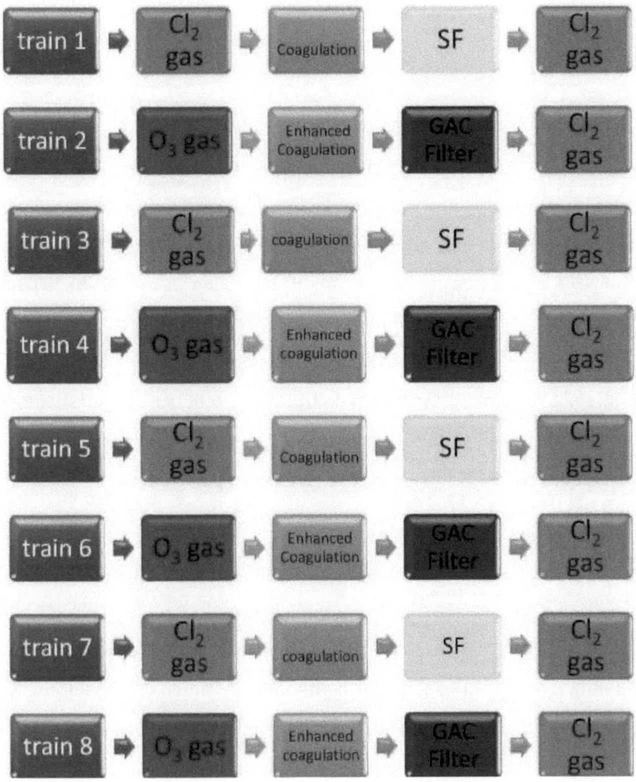

Fig. 4. Combinações de tratamento utilizadas nas experiências à escala real para reduzir os níveis de THMs e HAAs em quatro ETARs.

CAPÍTULO IV

RESULTADOS E DISCUSSÃO

O tratamento da água é uma questão potencial em que é muito importante fornecer água de alta qualidade aos consumidores devido aos problemas de saúde que podem ser causados pela água em caso de tratamento insuficiente de vários poluentes pelas estações de tratamento de água potável (ETAP). O tratamento convencional da água potável no Egito envolve várias etapas de tratamento: pré-cloração, coagulação, floculação, sedimentação, filtração rápida em areia e pós-cloração. O papel da etapa de pré-cloração é matar os microrganismos contidos na água de entrada na estação, enquanto o papel do processo de coagulação é remover as partículas coloidais diminuindo as suas forças de repulsão utilizando alúmen (sulfato de alumínio). As etapas de filtração e sedimentação destinam-se a clarificar a água produzida resultante da etapa de coagulação e, finalmente, esta água é exposta a outra etapa de desinfeção para garantir que esta água está livre de agentes patogénicos.

No presente trabalho, foram observados níveis elevados de THMs e HAAs na água tratada produzida nas ETARs estudadas. Por isso, o nosso objetivo era realizar combinações de tratamento seguras e eficientes para serem aplicadas nas ETAR em vez da atual combinação aplicada. Isto pode ser feito tendo em conta muitos factores, tais como a alteração do tipo de agente de pré-desinfeção, a melhoria do processo de coagulação e a utilização de outros sistemas de filtração. Além disso, os factores que afectam a formação de THMs e HAAs têm de ser considerados e optimizados até ao limite mínimo de formação.

IV.1. Parâmetros físico-químicos da água nas estações de tratamento de água potável estudadas

Para avaliar a eficiência das ETAP, foram recolhidas amostras de água das diferentes fases de tratamento em cada estação (estações de Embaba, El-Dahab Island, Fostat e Mostorod). Os parâmetros relacionados com a formação de SPD, tais como UVA, TOC e DOC, foram analisados em cada amostra. A eficiência do tratamento em cada estação foi calculada para cada parâmetro, considerando a relação entre a água de entrada e a água de saída. De acordo com os dados representados nas tabelas 6-9, os actuais processos de tratamento foram considerados eficazes na remoção de sólidos suspensos, uma vez que os valores de turvação foram reduzidos em 90,06%, 87,25%, 90,73% e 87,86% nas ETAD de Embaba, El-Dahab Island, Fostat e Mostorod, respetivamente. As remoções de condutividade foram de 25,91, 15,90, 1,79 e 8,25% nas ETAs de Embaba, El-Dahab Island, Fostat e Mostorod, respetivamente. O pH das amostras recolhidas em todas as ETAs manteve-se quase constante durante as fases de tratamento, enquanto a alcalinidade das amostras recolhidas diminuiu 20,00, 21,15, 13,14 e 20,47% nas ETAs de Embaba, El-Dahab Island,

Fostat e Mostorod, respetivamente.

O presente estudo indicou que os métodos de tratamento aplicados nas ETAR não foram relativamente eficientes na remoção do carbono orgânico, uma vez que as percentagens de remoção de DOC nas ETAR de Embaba, El-Dahab Island, Fostat e Mostorod foram de 32,41, 22,35, 22,64, 14,63%, respetivamente, Quadros 6-9. Esta baixa eficiência de remoção pode dever-se à reação entre o cloro e a matéria orgânica na fase de pré-cloração para formar DPBs com baixa capacidade de absorção nos filtros de areia. Os presentes resultados estão de acordo com os relatados por Otson [199], onde os valores de carbono orgânico, após o tratamento da água bruta, diminuíram ligeiramente ou permaneceram constantes. Outros estudos indicaram que a coagulação de iões metálicos é eficaz na remoção de compostos orgânicos de elevado peso molecular, ao passo que as espécies orgânicas de baixo peso (<1000 Dalton) não são eficazmente removidas [200-201]. Consequentemente, estes últimos compostos contribuiriam para aumentar os níveis de matéria orgânica na água tratada em termos de THMs e HAAs.

A absorção ultravioleta a 254 nm (UV_{254}) e a absorção ultravioleta específica a 254 nm ($SUVA_{254}$), que representa o rácio UVA_{254}/DOC, foram consideradas como indicadores do teor de carbono aromático na água natural. Estes parâmetros foram medidos nas amostras recolhidas para obter alguma informação sobre a natureza do carbono orgânico dissolvido (DOC) nas amostras recolhidas. Os resultados indicaram que o teor médio de matéria orgânica (DOC) era de 3,47, 3,44, 3,28 e 2,80 mgC/L com uma média de UVA_{254} de 0,044, 0,050, 0,034 e 0,041 cm^{-1} na saída das ETAs de Embaba, El-Dahab Island, Fostat e Mostorod, respetivamente. Os valores de absorção UV específica, $SUVA_{254}$, foram de valores baixos a médios (1,04 - 1,47 m L/mg C). Isto significa que os NOM nas águas brutas são de baixo peso molecular com caraterísticas alifáticas. A eficiência de remoção destes parâmetros variou de 37,87% a 57,40% e de 27,22% a 35,80% para os parâmetros UVA_{254} e SUVA, respetivamente, Tabelas 6-9. Os dados apresentados nestas tabelas são os valores médios de 5 amostras recolhidas em cada fase.

Tabela 6. Parâmetros físico-químicos das amostras de água recolhidas nas diferentes fases da ETA de Embaba

Parâmetro	Entrada	Clarificador	Filtro	Saída	R %
Turbidez (NTU)	5.09	1.77	0.76	0.50	90.06
pH	8.08	7.55	7.35	7.50	---
Condutividade (μS.cm)$^{-1}$	508.60	376.50	394.20	376.80	25.90
Alcalinidade (mg $CaCO_3$/ L)	162.50	142.50	137.50	130.00	20.00
Dureza total	120.00	112.50	107.00	104.00	13.30

(mg $_{CaCO3}$/ L)					
Dureza Ca	77.00	73.50	75.00	72.50	5.80
(mg $_{CaCO3}$/ L)					
DOC mg/L	5.14	4.36	3.83	3.47	32.40
UVA_{254} cm^{-1}	0.094	0.070	0.050	0.044	57.40
SUVA (m L/mg) C	1.85	1.54	1.31	1.28	30.70

Número de amostras = 5, DOC: Carbono orgânico dissolvido, UVA_{254} : Absorvância UV, $SUVA_{254}$: Absorvância UV específica. R%: Eficiência de remoção.

A eficiência de remoção para diferentes parâmetros é calculada a partir da seguinte equação:

Tabela 7. Parâmetros físico-químicos das amostras de água recolhidas nas diferentes fases de tratamento na ETAR da ilha de El Dahab

Parâmetro	Entrada	Clarificador	Filtro	Saída	R%
Turbidez (NTU)	4.08	2.24	0.68	0.52	87.25
pH	7.98	7.35	7.27	7.28	---
Condutividade	497.00	476.50	446.80	418.00	15.90
(µS.cm^{-1})					
Alcalinidade	156.00	127.50	128.80	123.00	21.10
(mg $_{CaCO3}$/ L)					
Dureza total	118.00	109.30	112.00	111.00	5.90
(mg $_{CaCO3}$/ L)					
Dureza Ca	77.20	71.30	74.00	72.70	5.80
(mg $_{CaCO3}$/ L)					
DOC (mg/L)	4.43	3.81	3.50	3.44	22.35
UVA_{254} $(cm)^{-1}$	0.094	0.060	0.050	0.050	46.80
SUVA (m L/mg) C	2.13	1.50	1.39	1.37	35.68

Número de amostras = 5, DOC: Carbono orgânico dissolvido, UVA_{254} : Absorvância UV, $SUVA_{254}$: Absorvância UV específica. R%: Eficiência de remoção.

Tabela 8. Parâmetros físico-químicos das amostras de água recolhidas em diferentes fases da ETAR de Fostat

Parâmetro	Entrada	Clarificador	Filtro	Saída	R %
Turbidez (NTU)	3.56	1.56	0.43	0.33	90.73
pH	8.01	7.73	7.69	7.46	---
Condutividade (µS.cm^{-1})	503.00	494.00	492.00	494.00	1.78
Alcalinidade	175.00	149.00	142.00	152.00	13.14
(mg $_{CaCO3}$/ L)					
Dureza total	115.00	101.00	97.00	108.00	6.08
(mg $_{CaCO3}$/ L)					
Dureza Ca	88.00	75.00	73.00	78.00	11.36

(mg $_{CaCO3}$/ L)					
DOC mg/L	4.24	3.53	3.21	3.28	22.60
UVA_{254} **cm^{-1}**	0.069	0.050	0.034	0.034	50.43
SUVA m L/mg C	1.62	1.44	1.09	1.04	35.80

Número de amostras = 5, DOC: Carbono orgânico dissolvido, UVA_{254} : Absorvância UV, $SUVA_{254}$: Absorvância UV específica. R%: Eficiência de remoção.

Tabela 9. Parâmetros físico-químicos das amostras de água recolhidas nas diferentes fases de tratamento na ETAR de Mostorod

Parâmetro	Entrada	Clarificador	Filtro	Saída	R %
Turbidez (NTU)	3.79	1.77	0.66	0.46	87.86
pH	7.93	7.56	7.57	7.53	---
Condutividade (µS.cm)$^{-1}$	497.00	466.00	459.00	456.00	8.24
Alcalinidade (mg $_{CaCO3}$/ L)	171.00	141.00	139.00	136.00	20.46
Dureza total (mg $_{CaCO3}$/ L)	124.00	116.00	110.00	107.00	13.70
Dureza Ca (mg/L $_{CaCO3}$)	85.00	79.00	74.00	70.00	17.64
DOC mg/L	3.28	3.16	2.94	2.80	14.63
UVA_{254} **cm^{-1}**	0.066	0.054	0.048	0.041	37.87
SUVA m L/mg C	2.02	1.72	1.63	1.47	27.22

Número de amostras = 5, DOC: Carbono orgânico dissolvido, UVA_{254} : Absorvância UV, $SUVA_{254}$: Absorvância UV específica. R%: Eficiência de remoção.

IV.2. Níveis de subprodutos de desinfeção na água de saída das ETAR

Os trihalometanos (THMs) e os ácidos haloacéticos (HAAs) são os grupos mais importantes de subprodutos da desinfeção (DBPs), pelo que foi dada especial atenção à determinação das suas concentrações nas ETARs estudadas. Foram determinados os valores médios de cinco amostras recolhidas mensalmente nas estações estudadas durante os meses de janeiro a junho de 2012. A concentração total de THMs e HAAs na água clorada foi determinada por cromatografia gasosa combinada com detetor de captura de electrões. Os dados analíticos foram apresentados nos quadros 10-14.

As concentrações médias do total de THMs foram 64,38, 43,94, 52,41 e 51,72 µg/L, enquanto as concentrações médias correspondentes do total de HAAs foram 57,64, 54,79, 36,38 e 61,52 µgZL para as ETAs Embaba, El-Dahab Island, Fostat e Mostorod, respetivamente. Estes valores são inferiores aos apresentados por Smith & El-Deen (80,0±10,0 gg/L) [203]. A concentração dos THMs totais nos presentes estudos é consideravelmente mais elevada do que a registada em cinco áreas residenciais na cidade de Alexandria, no Egito, há cerca de dez anos (45,0±16,0 µg/L), [49] e mais elevada do que os valores reportados num estudo realizado no período de 1991-1993 para três efluentes de estações de tratamento na cidade do Cairo, onde os valores mais elevados se situaram no intervalo 40,0-50,0 µg/L [203]. A concentração de THMs foi variável ao longo dos meses estudados em todas as estações. Em geral, observou-se uma diminuição relativa da concentração de THMs durante o mês de janeiro. Isto pode ser devido à chuva torrencial na estação de inverno no Egito. A tendência sazonal no presente estudo foi relativamente baixa em comparação com os estudos anteriores de Smith e EL Deen [203].

O rácio entre o máximo e o mínimo de THMs totais durante o período de estudo em 4 ETARs foi de 1,41, 2,42, 1,89 e 1,86 para El Dahab Island, Embaba, Fostat e Mostorod, respetivamente. O rácio mais elevado foi de 2,42, observado na ETAR de Embaba, enquanto o valor mais baixo foi de 1,41 na ETAR da ilha de Dahab. Enquanto o rácio entre o máximo e o mínimo de HAAs totais durante o período de estudo em 4 ETADs foi de 2,60, 2,34, 1,86 e 1,78 para Embaba, El-Dahab, Fostat e Mostorod, respetivamente. Verificou-se que este rácio variou em função dos locais, da qualidade da água bruta e dos parâmetros de tratamento.

Vários autores indicaram que a ocorrência de SPD na água potável tratada e distribuída varia de acordo com a qualidade da fonte de água e as actividades operacionais na estação de tratamento. Geralmente, os principais factores influentes são a natureza e a quantidade de matéria orgânica natural (NOM), em particular as substâncias húmicas, as concentrações de brometo (que afectam principalmente a especiação das espécies THMs e HAAs), o pH da água, a temperatura da água e o tempo de residência da água no sistema de distribuição [204-206].

Quadro 10. Níveis totais de trihalometanos (THM) e ácidos haloacéticos (HAA) na água potável das ETAR de Embaba, El Dahab Island, Fostat e Mostorod

Estação	Concentração µg/L	janeiro	março	abril	maio	junho	Média
Embaba	**TTHMs**	48.49	99.02	40.91	83.42	50.04	64.38
DWTP	**THAAs**	31.29	37.16	74.5	81.36	63.91	57.64
El Dahab	**TTHMs**	40.91	42.61	55.51	41.34	39.31	43.94
DWTP	**THAAs**	39.68	32.63	67.68	76.38	57.58	54.79
Fostat	**TTHMs**	50.57	63.18	68.78	36.33	43.20	52.41
DWTP	**THAAs**	34.71	50.90	32.66	36.32	27.31	54.79
Mostorod	**TTHMs**	36.93	68.69	63.17	47.95	41.85	51.72
DWTP	**THAAs**	44.84	59.87	72.52	80.16	50.20	61.52

TTHMs: total de THMs, THAAs: total de HAAs.

IV.3. Especiação de trihalometanos e ácidos haloacéticos na água potável nas ETAP estudadas

As concentrações das espécies THMs e HAAs nas ETAP estudadas são apresentadas nos quadros 11 a 14. Os resultados indicam que as espécies cloradas são dominantes em relação às espécies bromadas nas amostras de água estudadas. Relativamente aos THM, foi determinada a percentagem de clorofórmio ($CHCl_3$), mono-bromo diclorometano ($CHCl_2Br$), di-bromo monoclorometano CHClBr2 e bromofórmio ($CHBr_3$), enquanto que para os HAA foi determinada a percentagem de MCAA, DCAA, TCAA, MBAA e DBAA. Os dados do presente estudo foram apresentados nas figuras 5-8. Aqui referimos apenas o clorofórmio e o MCAA por representarem as principais espécies de THMs e HAAs, respetivamente, nas ETARs estudadas.

Na estação de Embaba, o clorofórmio representa 53,21, 33,40, 91,11, 20,26 e 53,09% dos TTHMs em janeiro, março, abril, maio e junho, respetivamente, enquanto o MCAA representa 85,10, 82,03, 84,19, 85,15 e 83,20% dos THAAs em janeiro, março, abril, maio e junho, respetivamente. Na estação de El Dahab, o clorofórmio representa 25,05, 52,10, 48,23, 68,06 e 66,17% dos TTHMs em janeiro, março, abril, maio e junho, respetivamente, enquanto o MCAA representa 46, 54,01, 54,68, 53,13 e 54,23% dos THAAs em janeiro, março, abril, maio e junho, respetivamente.

Na estação de Mostorod, o clorofórmio representa 21,21, 45,27, 47,01, 76,03 e 39,23% dos TTHMs em janeiro, março, abril, maio e junho, respetivamente, enquanto o MCAA representa 64,19, 67,20, 87,12, 87,13 e 88,41% dos THAAs em janeiro, março, abril, maio e junho, respetivamente. Na estação de Fostat, o clorofórmio representa 42,01, 54,10, 82,11, 43,20 e 59,06% dos TTHMs, enquanto o MCAA representa 52,03, 56,25, 87,21, 86,09 e 88,11% dos THAAs em janeiro, março, abril, maio e junho, respetivamente.

De um modo geral, verificou-se que o clorofórmio (TCM, 42,02-58,45%) é o principal composto THM, como se pode ver acima, seguido do bromodiclorometano (BDCM, 21,23-47,07%), do dibromoclorometano (DBCM, 5,02-17,34%) e do bromofórmio (TBM, 2,01-14,42%), em média, para todas as águas cloradas nas ETAR estudadas. Este facto está de acordo com estudos anteriores [207-208], em que o clorofórmio e o bromodiclorometano constituem bem mais de 90% dos TTHM.

Singer e Reckhow [159] referiram que as formas totalmente substituídas por cloro, como o clorofórmio, o DCAA e o TCAA, são espécies dominantes em águas com baixa concentração de brometo. Com base no inquérito a 500 grandes ETA nos EUA, a fração de clorofórmio nos THM foi registada como 60,5% [206], o que é superior aos níveis observados neste estudo, mas estas percentagens podem variar significativamente em função da qualidade da água bruta e das condições de funcionamento das ETA [210].

Por outro lado, as principais espécies de HAA foram o ácido monocloroacético (MCAA, 52,20-84,08%) e o ácido dicloroacético (DCAA, 10,19-31,88%). Estas espécies de HAA mono e dicloroacético foram seguidas pelo ácido tricloroacético (TCAA, 4,23-6,15%), enquanto o ácido monobromoacético (MBAA) variou entre 011,09% e apenas 0-3,23% de DBAA foram detectados em todas as amostras de água. Além disso, a especiação de DBPs pode depender de vários factores: a natureza e as concentrações de NOM, a concentração de iões brometo, a relação cloro/DOC, a relação brometo/DOC, a química da água de fundo e as condições de cloração.

Tabela 11. Especiação de trihalometanos e ácidos haloacéticos em amostras de água recolhidas na ETAR de Embaba

Composto	Concentração (µg/L)					
	janeiro	março	abril	maio	junho	Média
CHCl3	25.86	28.38	37.32	17.03	26.5	27.02
CHCl2Br	1.15	60.64	0.00	66.39	23.54	30.34
CHBr2Cl	16.21	0.00	1.33	0.00	0.00	3.51
CHBr3	5.27	0.00	2.26	0.00	0.00	1.51
MCAA	26.65	30.63	62.52	68.77	52.84	48.28
DCAA	2.99	4.27	7.46	7.37	7.25	5.87
TCAA	1.65	2.26	4.52	4.98	3.82	3.45
MBAA	B.D.	B.D.	B.D.	B.D.	B.D.	B.D.
DBAA	B.D.	B.D.	B.D.	B.D.	B.D.	B.D.

Tabela 12. Especiação de trihalometanos e ácidos haloacéticos em amostras de água recolhidas na ETAR da ilha de El Dahab

Parâmetro	Concentração (µg/L)					
	janeiro	março	abril	maio	junho	Média
$CHCl_3$	10.26	22.07	26.41	28.10	26.02	22.57
CHCl2Br	19.96	10.05	9.45	0.00	12.05	10.30
CHBr2Cl	3.26	8.22	9.72	13.24	1.24	7.14
CHBr3	6.43	2.27	9.92	0.00	0.00	3.72
MCAA	18.34	17.66	36.52	40.25	30.93	28.75
DCAA	14.6	10.10	20.20	22.22	17.07	16.84
TCAA	6.74	1.46	2.91	3.20	2.46	3.35
MBAA	B.D.	3.41	6.83	7.51	5.77	5.88
DBAA	B.D.	0.80	1.60	3.20	1.35	1.74

Tabela 13. Especiação de trihalometanos e ácidos haloacéticos em amostras de água recolhidas na ETAR de Fostat

Parâmetro	janeiro	Concentração (µg/L)	junho	Média

		março	abril	maio		
$CHCl_3$	21.23	33.93	56.44	15.62	25.36	30.52
CHCl2Br	1.60	22.75	B.D.	19.45	11.36	11.03
CHBr2Cl	22.45	0.00	12.34	0.40	1.25	7.29
CHBr3	5.28	6.50	B.D.	0.87	5.23	3.58
MCAA	18.22	28.56	28.46	31.30	24.05	26.12
DCAA	12.90	16.31	2.84	3.52	2.11	7.54
TCAA	2.30	1.09	1.36	1.50	1.15	1.48
MBAA	1.29	4.94	B.D.	B.D.	B.D.	3.12
DBAA	B.D.	B.D.	B.D.	B.D.	B.D.	B.D.

Tabela 14. Especiação de trihalometanos e ácidos haloacéticos em amostras de água recolhidas na ETAR de Mostorod

Parâmetro		**Concentração (µg/L)**				
	janeiro	**março**	**abril**	**maio**	**junho**	**Média**
CHCl3	7.85	31.05	29.88	36.63	16.13	24.31
CHCl2Br	16.39	20.87	14.70	1.25	11.65	12.97
CHBr2Cl	5.53	6.19	10.73	3.72	8.62	6.96
CHBr3	7.15	10.58	7.86	6.35	5.45	7.48
MCAA	28.90	39.91	63.24	69.56	44.27	49.18
DCAA	13.43	15.13	6.26	7.28	3.82	9.18
TCAA	2.51	4.83	3.02	3.32	2.11	3.16
MBAA	B.D.	B.D.	B.D.	B.D.	B.D.	B.D.
DBAA	B.D.	B.D.	B.D.	B.D.	B.D.	B.D.

B.D. abaixo dos limites de deteção, clorofórmio (CHCl3), monobromo diclorometano (CHCl2Br), dibromo monoclorometano CHClBr2, bromofórmio (CHBr3).

Os limites de deteção do CHCl3 são o,5 µg/L e 0,3 µg/L para cada composto de CHCl2Br, CHClBr2, CHBr3.

Os limites de deteção das espécies de HAA foram de 1,2, 1,1, 0,6, 0,9, 1,3 e 0,9 µg/L para MCAA, DCAA, TCAA, MBAA, DBAA e BCAA.

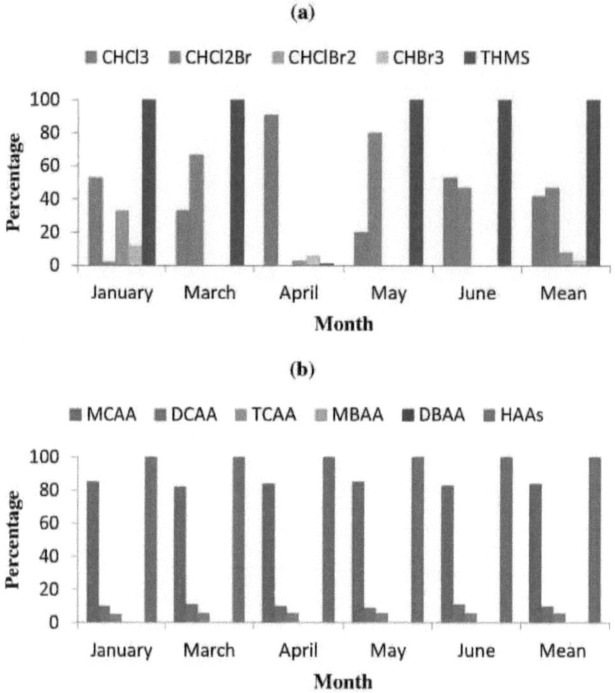

Fig. 5. Percentagens das diferentes espécies de THMs (a) e HAAs (b) na água de saída da ETA de Embaba.

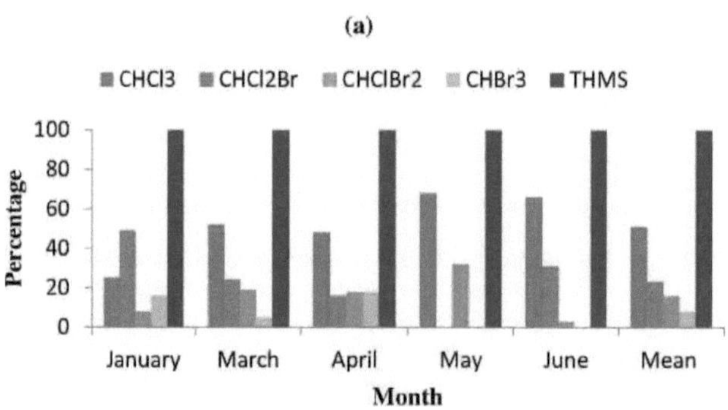

(b)

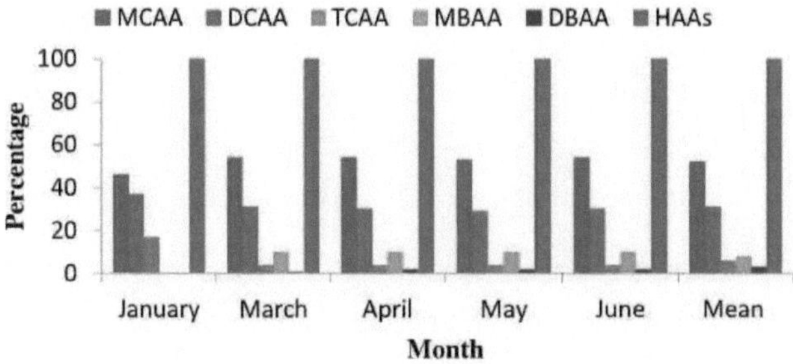

Fig. 6. Percentagens das diferentes espécies de THMs (a) e HAAs (b) na água de saída da ETAR de El Dahab.

(a)

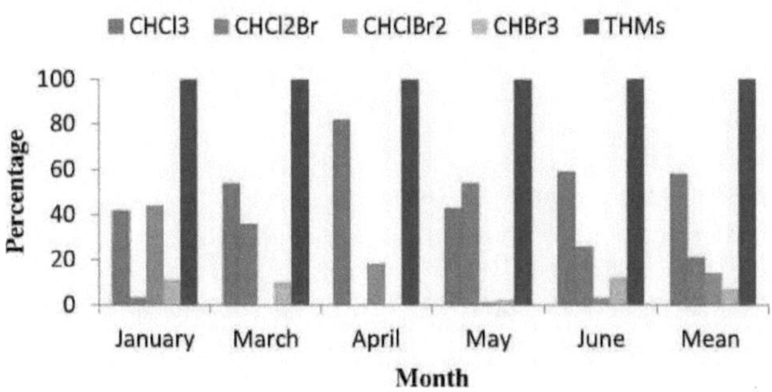

(b)

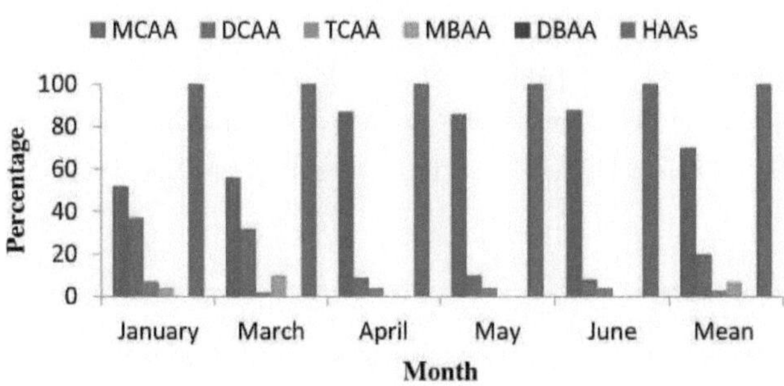

Fig. 7. Percentagens das diferentes espécies de THMs (a) e HAAs (b) na água de saída da ETAR de Fostat.

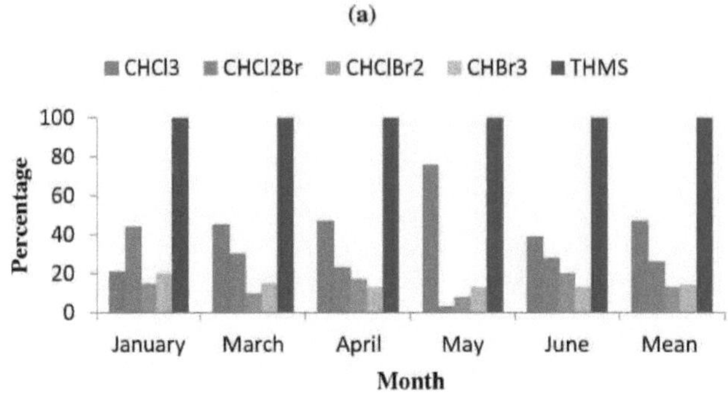

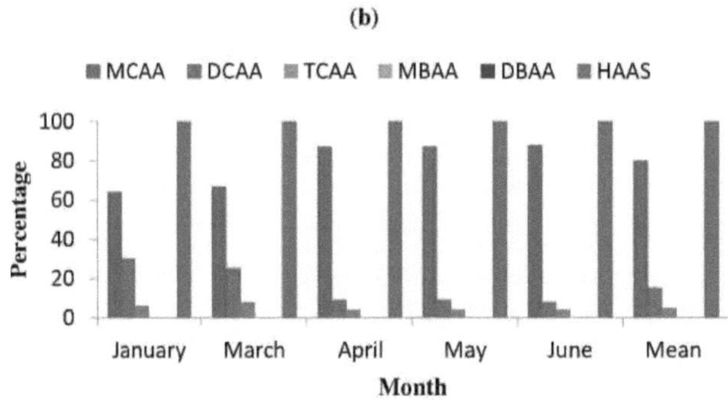

Fig. 8. Percentagens das diferentes espécies de THMs (a) e HAAs (b) na água de saída da ETAR de Mostorod.

IV.4. Factores que afectam a formação de THMs e HAAs

Foram estudados os diferentes factores que podem afetar o nível de THMs e HAAs, tais como a reação ou o tempo de contacto, as dosagens de desinfetante, o pH, a temperatura e os níveis de DOC. Neste estudo, as amostras de controlo foram preparadas de forma semelhante às amostras efetivamente tratadas nas estações de água potável. O efeito de cada fator foi estudado quando os outros factores são constantes.

IV.4.1. Efeito do tempo de contacto

O período de contacto entre o cloro e o NOM é considerado como um fator muito importante na formação de THMs e HAAs na água potável. Na presente experiência, os seguintes parâmetros são mantidos constantes: pH 7,5, temperatura 25°C, COT 10,0 mgC/L e dosagem de Cl2 5,0 mg/L, enquanto o período de contacto é gradualmente aumentado de 10 min. para 120 min. Os resultados indicaram que a reação entre o Cl2 e o NOM é muito rápida, sendo produzidas quantidades razoáveis de THMs e HAAs num curto espaço de tempo (30 min). À medida que o tempo de contacto aumenta, formam-se mais compostos de THMs e HAAs. O grau de formação destes compostos varia consoante o teor natural da matéria orgânica. No caso dos THMs, a concentração de clorofórmio aumentou de 1050,0 para 1391,0 µg/L, ou seja, 24,5%, em 100 min, enquanto a concentração de dibromoclorometano e tribromometano aumentou 14,3% e 20,1%, respetivamente, durante o mesmo tempo de contacto, Fig. 9 (a). O bromodiclorometano foi o mais afetado pelo tempo de reação do cloro, tendo a sua concentração aumentado 55,0% em 100 minutos.

Relativamente aos HAA, a concentração de ácido monocloroacético (MCAA) aumentou de 794,64 para 988,87 µgZL, ou seja, 16,5 % em 90 minutos, enquanto o ácido dicloroacético (DCAA) e o ácido tricloroacético (TCAA) aumentaram 26,0 e 25,0 %, respetivamente, durante o mesmo período de tempo. Os compostos de ácido acético bromado não foram detectados na presente análise, Fig. 9 (b).

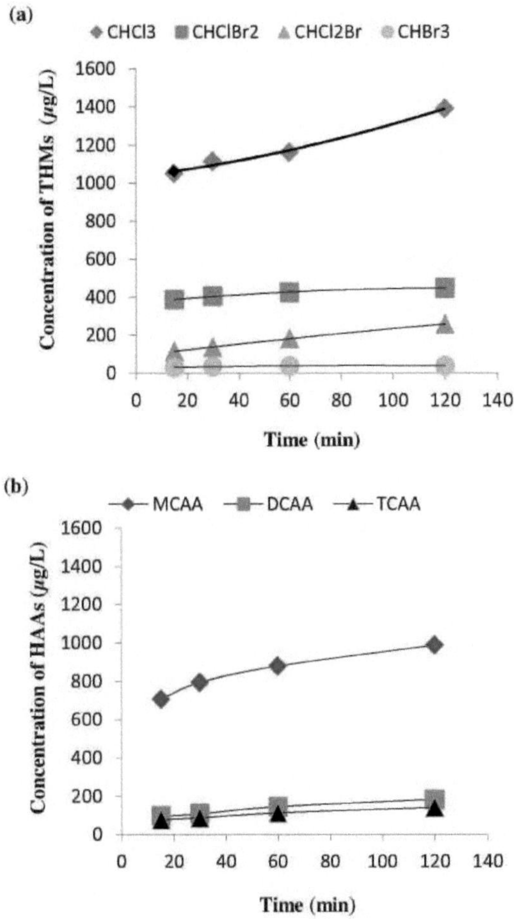

Fig. 9. Formação de THMs (a) e HAAs (b) em função do tempo de contacto; as condições constantes

são pH = 7,5, Temperatura = 25°C, TOC = 10,0 mgC/L e Cl_2 -dosagem = 5,0 mg/L.

IV.4.2. Efeito do pH

O efeito do pH da água na formação de THMs e HAAs foi estudado através do ajuste do pH das amostras de água controladas utilizando HCl 0,01 N ou NaOH. O pH variou de pH 5,0 a pH 9,0, enquanto o teor orgânico total, a temperatura, a dosagem de cloro e o tempo de contacto com o cloro foram mantidos constantes durante o estudo a 10,0 mg/L, 25 °C, 5,0 mg/L e 120 minutos, respetivamente. Os resultados indicaram que a concentração de THMs e HAAs foi significativamente alterada com a mudança do pH da água tratada. A formação máxima da maioria dos THMs foi observada a pH 7,5, enquanto a formação máxima da maioria dos HAAs foi observada a pH 8,0, Figura 10.

A formação de clorofórmio foi muito elevada a pH 7,5 em comparação com o seu nível a pH 5,0. A valores de pH mais elevados (> 7,5), a concentração de clorofórmio diminui, o que pode dever-se à hidrólise de muitas DBPs halogenadas a valores de pH tão elevados [162].

A hidrólise dos HAAs a valores de pH elevados (> 8,0) pode levar à formação de TCAA [211], o que não é o caso do MCAA e do DCAA, onde podem formar-se outros produtos, Figura 10 (b).

(a)

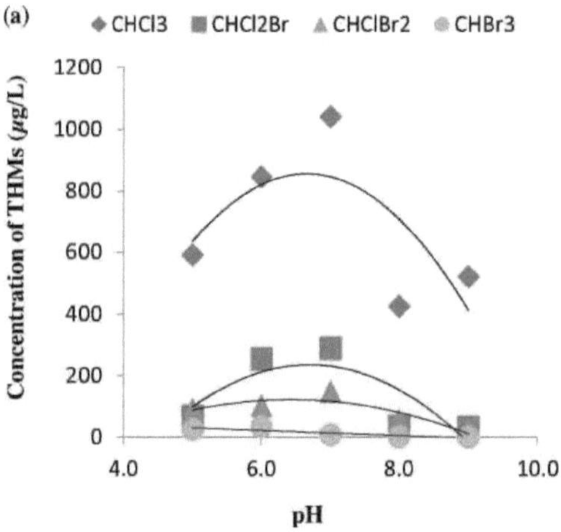

(b)

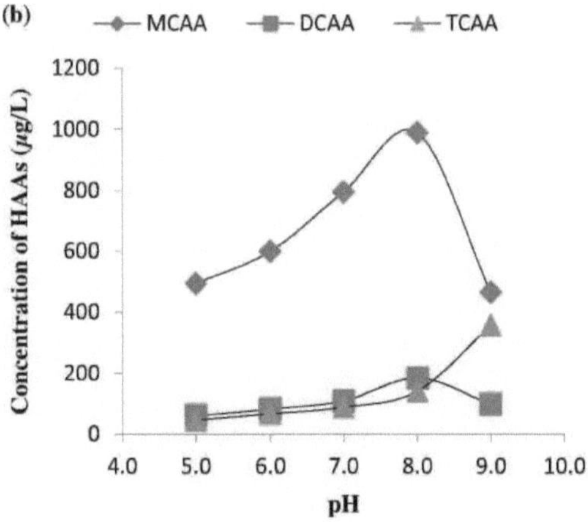

Fig. 10. Efeito do pH na formação com THMs (a) e HAAs (b); as condições constantes são: tempo de contacto = 120 min, temperatura = 25°C, TOC = 10,0 mgC/L e Cl_2 -dosagem = 5,0 mg/L.

IV.4.3. Efeito da concentração inicial de COT

Os THMs e os HAAs são produzidos a partir da reação entre o NOM e o Cl2, que é utilizado como agente desinfetante no processo de tratamento da água potável. A Figura 11 representa a variação nas concentrações de THMs e HAAs com a alteração da concentração inicial da matéria orgânica (2,0-15,0 mg/L). O clorofórmio foi a espécie mais predominante de THMs mesmo em diferentes níveis de COT. A concentração máxima de clorofórmio foi de 1490,0 µg/L de $CHCl_3$ a um nível de TOC de 15,0 mg/L. Isto significa que a formação de clorofórmio depende principalmente da concentração de TOC nas massas de água tratadas. Além disso, a concentração de MCAA aumentou em 20,0% à medida que a concentração de TOC aumentou de 10,0 mg/L para 15,0 mg/L, enquanto a concentração de DCAA e TCAA aumentou em 49,0 e 40,0%, respetivamente.

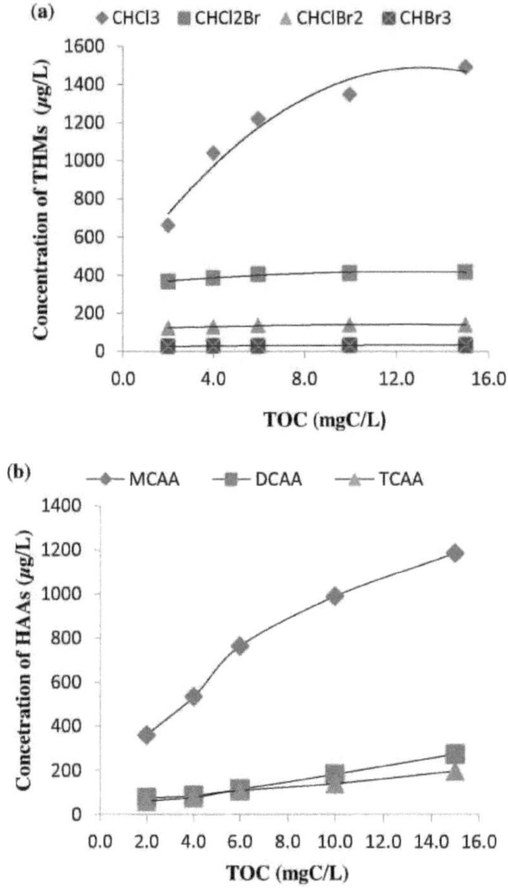

Fig. 11. Efeito da concentração de TOC na formação de THMs (a) e HAAs (b); as condições constantes são tempo de contacto=120 min, pH=7,5, Cl_2 -dosagem=5,0 mg/L e Temperatura=25° C.

IV.4.4. Efeito da temperatura da massa de água

O efeito da temperatura na formação de THMs e HAAs foi estudado numa gama de temperaturas de 18-30°C. Estas temperaturas correspondem às gamas naturais das massas de água no Egito durante os processos de tratamento de água nas estações de verão e inverno. Os resultados destes estudos indicaram que o clorofórmio e o ácido monocloroacético são as espécies predominantes de THMs e HAAs, respetivamente, Fig. 12. Além disso, à medida que a temperatura aumenta, a taxa de formação de DBPs aumenta. Estes resultados coincidem com os estudos de EL-Dib e Ali [212], que indicaram que a constante de velocidade para a formação de SPD é duplicada a cada 10°C de aumento na gama de temperaturas 0-30°C.

A formação de HAAs na cloração da água foi menos sensível às alterações de temperatura do que os THMs. Este facto pode dever-se à natureza da matéria orgânica no rio Nilo. A alteração da temperatura em 10°C conduziu a uma alteração dos níveis de clorofórmio e MCAA em 33,0% e 19,0%, respetivamente. Isto pode dever-se à catalisação da reação entre o cloro e os NOM na água sob a ação da temperatura.

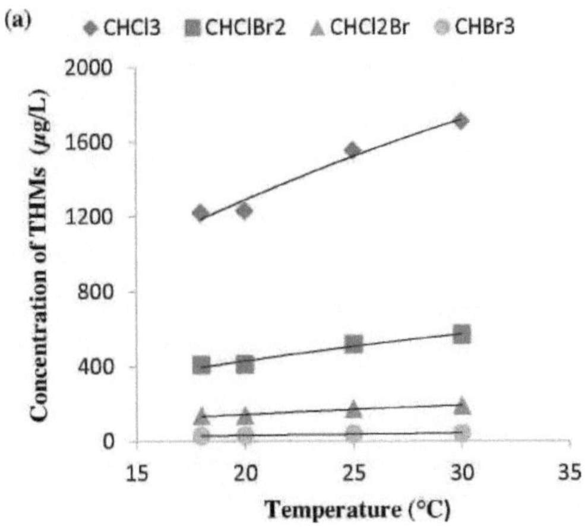

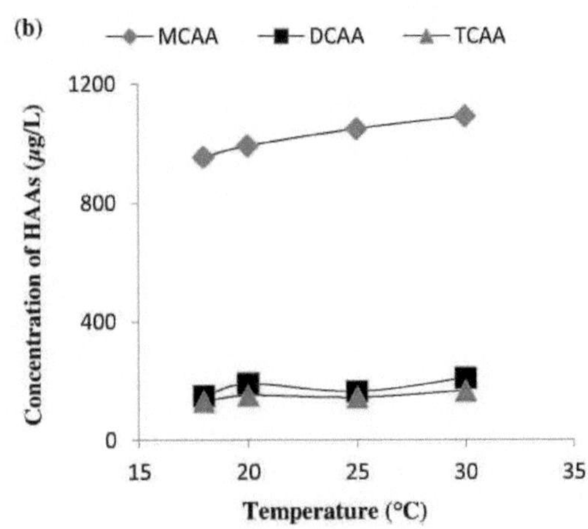

Fig. 12. Efeito da temperatura na formação de THMs (a) e HAAs (b); pH = 7,5, TOC = 10,0 mgC/L, Cl_2 -dosagem = 5,0 mg/L e tempo de contacto=120 min.

IV.4.5. Efeito da dosagem de cloro

Foi analisada a demanda de cloro de amostras de água preparadas pela dissolução de carbono orgânico na forma de ácidos húmicos. O conteúdo orgânico das amostras estudadas variou de 2,0 a 15,0 mgC/L. Os resultados do estudo indicaram que à medida que a quantidade de carbono orgânico aumenta (como TOC), a demanda de cloro aumenta, Fig. 13. Esta relação pode ser considerada como uma relação linear entre a necessidade de cloro e o teor orgânico das amostras de água.

O efeito do nível de dosagem de cloro, 2,0-10,0 mg Cl_2/L, na formação de THMs e HAAs foi estudado sob condições constantes de TOC, pH, temperatura e tempo de contacto. Os resultados indicaram que o nível dos SPD aumenta com o aumento da dosagem de cloro, Fig. 14. A variação do nível de THMs não é linear com a concentração de cloro porque esta reação tende a ser de primeira ordem em relação ao cloro e de terceira ordem em relação aos precursores [216]. A variação na cinética da reação pode ser atribuída ao facto de nem todos os compostos orgânicos actuarem como precursores de THM. Isto significa que o processo de cloração produz vários compostos orgânicos halogenados para além dos THM [216]. Além disso, a presença de uma baixa concentração de cloro aumenta a formação de cloroprodutos substituídos, ao passo que, com uma concentração elevada de cloro, a formação de produtos oxidantes e de clivagem, incluindo os THM, torna-se mais importante [211].

Os resultados actuais de THM e HAA são mais elevados do que os determinados noutros estudos [213-215]. Tal pode dever-se ao facto de as presentes amostras sintéticas terem sido preparadas por diluição de uma solução húmica (precursora de THM e HAA), enquanto nas amostras de água reais nem todos os compostos orgânicos são precursores de THM e HAA.

O CHCl3 foi a espécie predominante de THMs nas amostras estudadas com uma proporção de 69,0% da concentração total de THMs, enquanto o MCAA foi a espécie predominante de HAAs com uma proporção de 68,0% do total de HAAs.

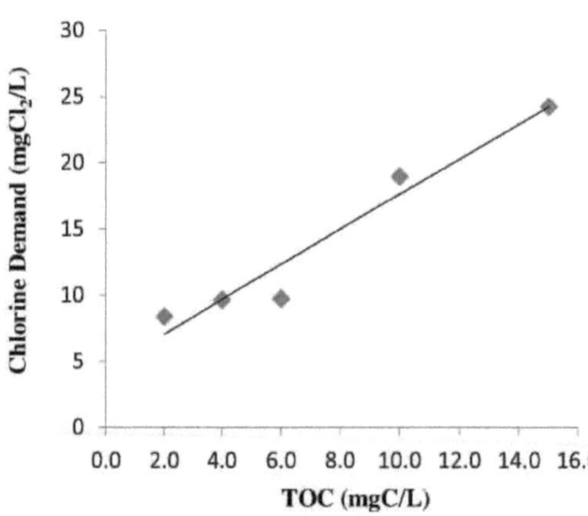

Fig. 13. Carência de cloro (CD) para diferentes amostras de controlo com diferentes níveis de COT.

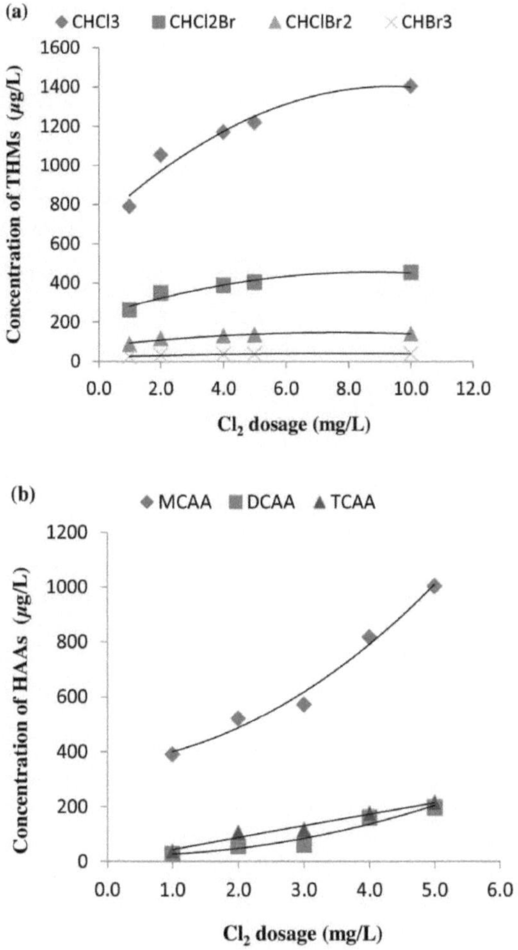

Fig. 14. Efeito da dosagem de cloro na formação de THMs (a) e HAAs (b); as condições constantes são pH = 7,5, Temperatura = 25°C, TOC = 10,0 mgC/L e tempo de contacto = 120 min.

IV.5. Potencial de formação de trihalometanos e ácidos haloacéticos

O potencial de formação de THM (THMFP) é frequentemente o termo empregue para indicar a quantidade de THMs que podem ser produzidos durante o processo de cloração. Este teste é fastidioso e consome muito tempo. A água de entrada de diferentes ETARs foi analisada quanto ao seu teor de THMs e verificou-se que a sua concentração é inferior ao limite de deteção, ou seja, THM0 < limite de deteção. As mesmas amostras foram submetidas a diferentes dosagens de cloro e depois incubadas durante 7 dias, após o que foram analisadas quanto ao seu teor de THMs (THM7). Os resultados da análise indicaram a presença de alta concentração de THMs que variou de 2134,34 a 2881,54 µg/L, Fig. 15.

O mesmo método foi aplicado no cálculo do HAAFP, onde os resultados indicaram que os HAAs totais estão presentes dentro da faixa de 1951,0 µg/L e após 7 dias 2619,0 µg/L, Fig. 15.

Uma vez que os níveis máximos permitidos de THMs é de 80 µg/L, isto significa que as presentes amostras autênticas contêm uma concentração muito elevada de THMs mesmo após 1 dia de tempo de contacto entre o Cl2 e as matérias orgânicas que estão presentes na água de superfície. A concentração destes SPD foi aumentada em 43,0% após 7 dias de tempo de contacto com o cloro. O principal composto de THMs foi o clorofórmio, que tem um potencial de formação de 69,0% do potencial total de formação de THMs. No caso dos HAAs, a concentração aumentou 23,0% do primeiro ao sétimo dia. O MCAA é o principal composto dos HAAs, com um potencial de formação de 42,0% do potencial de formação total dos HAAs.

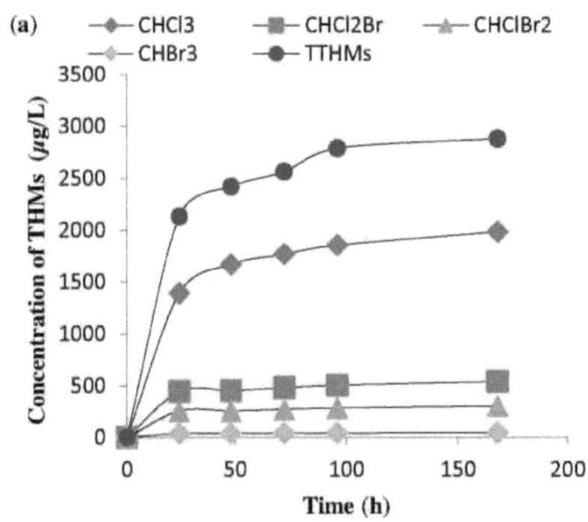

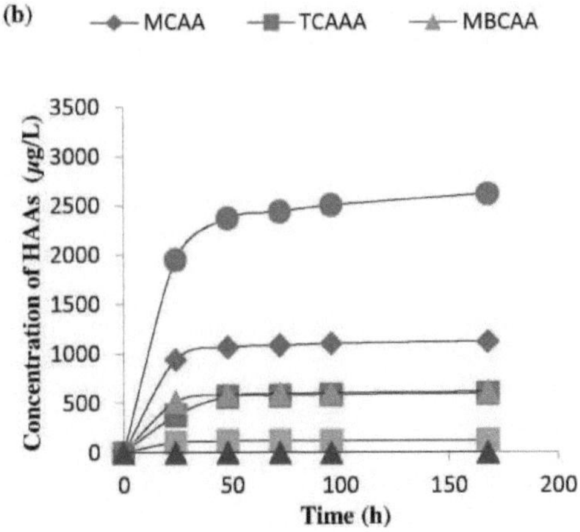

Fig. 15. Potenciais de formação de THMs (a) e HAAs (b).

IV.6. Fracionamento dos carbonos orgânicos dissolvidos e sua contribuição para a formação de subprodutos de desinfeção

A principal fonte de subprodutos de desinfeção é a matéria orgânica natural (NOM) presente na água bruta. Esta matéria orgânica é representada pelo carbono orgânico total (TOC) e as espécies dissolvidas são apresentadas como carbono orgânico dissolvido (DOC). O COD pode ser classificado de acordo com a sua hidraulicidade, em fracções hidrofílicas (HPL), hidrofóbicas (HPO) e transfílicas (TPL). As fracções hidrofílicas são a fração solúvel em água, enquanto a parte hidrofóbica é a parte insolúvel em água e a parte transfílica é a fração anfotérica. Este fracionamento é muito importante porque é útil para identificar qual a fração mais reactiva na formação de SPD.

No presente estudo, foram recolhidas amostras de água das diferentes fases de tratamento nas ETA de Fostat e Embaba, que envolvem a entrada, a bacia de clarificação, a bacia de filtração e a saída. Estas estações foram selecionadas como representativas das províncias do Cairo e de Gizé, respetivamente. Os valores médios do COD nas amostras de água de entrada variaram entre 4,32 e 6,78 mg/L, Quadro 15. Estes valores foram ligeiramente reduzidos pela ação dos processos de tratamento. O fracionamento do COD mostrou que as fracções hidrofílica (HPL), hidrofóbica (HPO) e transfílica (TPL) das amostras de água recolhidas nas diferentes fases de tratamento são relativamente baixas em comparação com a água de entrada. A concentração destas fracções variou entre 1,652,84, 0,89-1,53 e 0,77-1,38 mg/L, para as fracções HPL, HPO e TPL, respetivamente, Tabela 15.

Tabela 15. DOC e as suas diferentes fracções na água potável durante as diferentes fases de tratamento

DWTP	Estágio	DOC (mg/L)		HPL (mg/L)		HPO (mg/L)		TPL (mg/L)	
		Gama	Média	Gama	Média	Gama	Média	Gama	Média
	Entrada	4.36-6.78	5.57	3.38-2.17	2.77	1.17 - 1.82	1.49	1.02 -1.58	1.30
	Clarificador	3.81 -5.70	4.83	2.84 - 1.90	2.41	1.02 - 1.53	1.30	0.89 - 1.33	1.13
Embaba	**SF**	3.46-5.39	4.56	2.69 -1.72	2.27	0.93 - 1.45	1.22	0.81 -1.26	1.06
	Saída	3.44 - 5.04	4.37	2.51 -1.71	2.18	0.92 - 1.35	1.17	0.80 -1.18	1.02
	Entrada	4.32-5.93	4.98	2.95 -2.15	2.48	1.16 - 1.59	1.34	1.01 -1.38	1.16
	Clarificador	3.87-5.38	4.36	2.68 -1.93	2.17	1.04 - 1.44	1.17	0.90 -1.25	1.02
Fostat	**SF**	3.54-4.81	4.05	2.40 -1.76	2.02	0.95 - 1.29	1.09	0.83 -1.12	0.95
	Saída	3.32-4.69	3.87	2.34 -1.65	1.93	0.89 -1.26	1.04	0.77 -1.09	0.90

Número de amostrasFase de tratamento - 5, HPI: hidrofílico, HP0: hidrofóbico, TPI: fração transfílica. SF: Filtro de areia.

Os resultados do presente estudo indicaram que as fracções hidrofílicas são sempre as espécies dominantes na formação de SPD nas ETAs de Embaba e Fostat, Fig. 16. Estes resultados estão de acordo com estudos anteriores efectuados por outros trabalhadores [46-47]. A eficiência das actuais etapas de tratamento foi muito limitada na remoção do COD, Tabela 15, pelo que é muito importante sugerir combinações alternativas no tratamento de água potável para aumentar a eficiência de remoção do DOC.

Para uma melhor compreensão da correlação entre as fracções de DOC e a formação de DBPs, foi realizada uma série de experiências à escala de bancada em que foram recolhidas amostras de água bruta do rio Nilo e depois fraccionadas. Cada fração foi clorada com 5,0 mg/L Cl2 durante uma hora, após o que cada fração foi analisada quanto ao seu teor de THMs e HAAs. Os resultados indicaram que a formação de SPD era geralmente mais elevada no caso das espécies hidrofílicas do que no caso das espécies hidrofóbicas e transfílicas, Fig. 17, o que significa que as fracções hidrofílicas são o precursor mais reativo para a formação de THMs e HAAs.

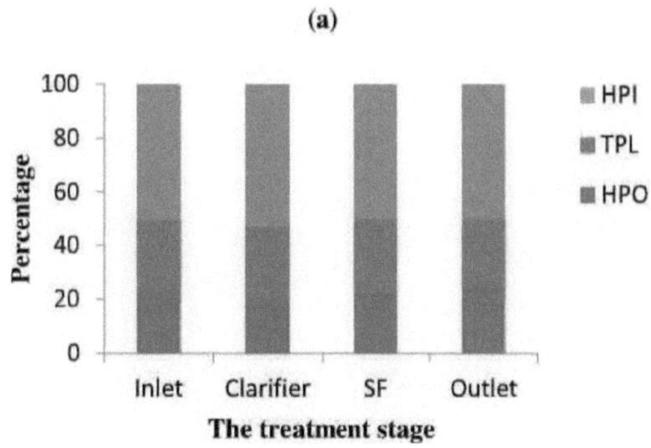

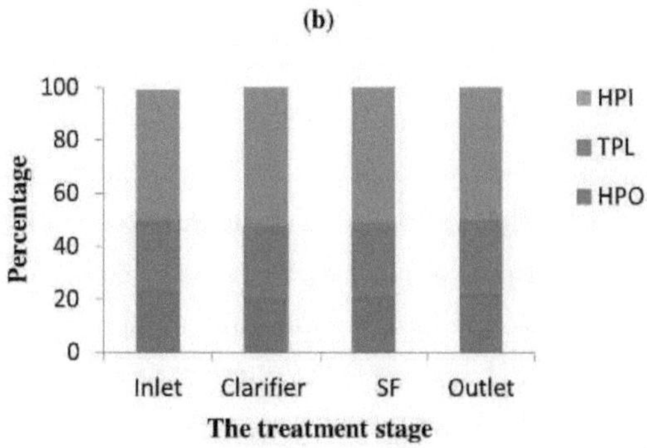

Fig. 16. Distribuição percentual das frações hidrofílica (HPL), hidrofóbica (HPO) e transfílica (TPI) do carbono orgânico dissolvido nas ETAs Embaba (a) e Fostat (b).

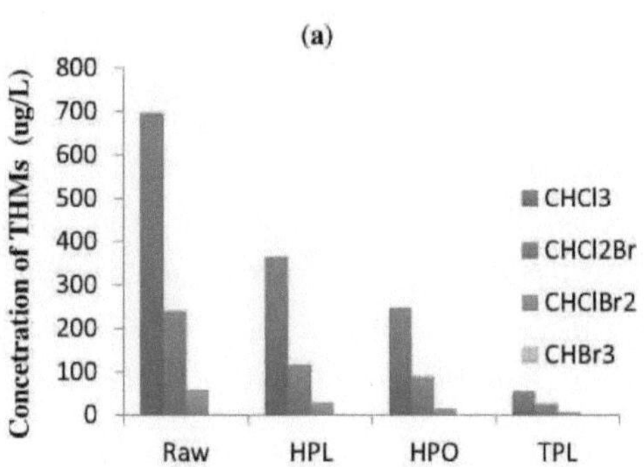

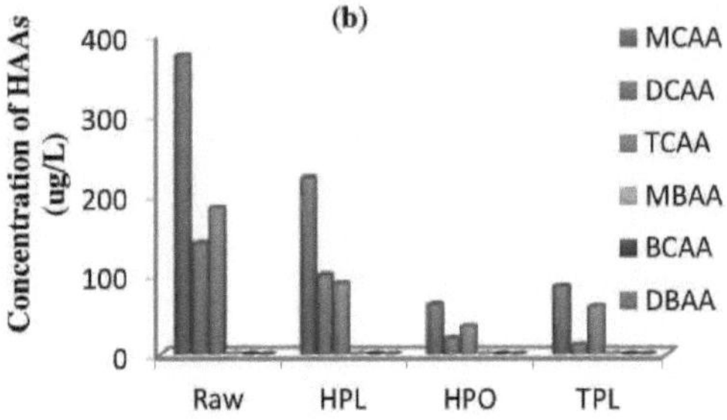

Fig. 17. Contribuição das diferentes fracções de DOC na formação de SPD, THMs (a) e HAAs (b).

IV.7. Modificação do método de tratamento da água potável

O presente método, método convencional, para tratamento de água potável baseia-se na pré-cloração, coagulação utilizando alúmen, filtração utilizando filtros de areia e finalmente cloração, onde a água final é descarregada no sistema de distribuição. Este método pode exigir a otimização da quantidade de reagentes adicionados, a utilização de reagentes alternativos para a desinfeção, além de algumas modificações nos processos de coagulação e filtração para reduzir a possibilidade de formação de THMs e HAAs na água potável. Por esta razão, foram realizadas experiências de tratamento à escala de bancada em amostras de água bruta recolhidas no rio Nilo e na entrada das estações de tratamento no Grande Cairo.

IV.7.1. Otimização do processo de coagulação-floculação

Foram realizadas diferentes experiências de tratamento aplicando diferentes quantidades de alúmen como coagulante (25,0-35,0 mg/L) e uma quantidade constante de dosagem de cloro, 5,0 mg/L e 2,0 mg/L para a pré-cloração e pós-cloração, respetivamente. Foi utilizada areia como leito de filtração para a massa de água. O nível dos SPD e os outros parâmetros físico-químicos relacionados foram determinados em cada experiência. Os resultados indicaram que 25,0 mg/L de alúmen foram suficientes para reduzir o nível do valor do carbono orgânico dissolvido (DOC) de 4,72 para 2,63 mgC/L e a turvação de 2,1 para 0,4 NTU, Tabela 16. Como resultado, esta quantidade de alúmen foi considerada como a dosagem óptima no processo de coagulação da água potável.

Tabela 16. Otimização do processo de coagulação-floculação utilizando diferentes dosagens de Alúmen

Parâmetro	Água bruta	Aluno		
		25,0 mg/L	30,0 mg/L	35,0 mg/L

pH	7.6	7.2	7.1	7.1
Turbidez (NTU)	2.1	0.4	0.7	1.4
DOC (mg/l)	4.76	2.63	2.94	2.78
UVA (cm)$^{-1}$	0.1033	0.0613	0.0795	0.0812

Os dados apresentados são a média de quatro análises

IV.7.2 Melhoria do processo de coagulação-floculação

A melhoria do processo de coagulação é um parâmetro muito importante para a remoção do conteúdo orgânico total da água potável. Como resultado, no presente estudo foram utilizados quatro coagulantes diferentes: óxido de cálcio, polímero catiónico, polímero aniónico e polímero não iónico para melhorar o processo de coagulação nas condições optimizadas de alúmen, 25,0 mg/L. Em experiências separadas, foram adicionadas ao alúmen diferentes dosagens de óxido de cálcio (2,5-10,0 mg/L) ou polímeros catiónicos, aniónicos e não iónicos (0,05-0,10 mg/L) e, em seguida, foram medidos os parâmetros físico-químicos da água resultante. O nível de pré-cloração, pós-cloração e sistema de filtração foi mantido constante como na experiência anterior. O resultado indicou que o óxido de cálcio, a um nível de 7,5 mg/L, reduziu o nível de turvação, DOC (mg/L) e UVA para 1,2 NTU, 2,01 mg/L e 0,0550 contra 2,30 NTU, 4,43 mg/L e 0,1133, para a água bruta, Tabela 17. Embora o nível de DOC e UVA a 10 mg/L de CaO seja inferior ao de 7,5 mg/L, o último foi selecionado como o valor ótimo de óxido de cálcio devido ao aumento do pH e dos valores de turvação da água potável. Isto pode afetar a saúde humana e também o sistema de distribuição na rede de água potável egípcia.

Os polímeros aniónicos e não aniónicos mostraram resultados comparáveis ao óxido de cálcio, enquanto o polímero catiónico reduziu a turvação, DOC e UVA para 0,12 NTU, 1,89 mg/L e 0,0319 cm^{-1} a 0,05 mg/L, Tabela 17. Como resultado, a presença de 0,05 mg/L de polímero catiónico com 25,0 mg/L de alúmen pode melhorar o passo de coagulação no processo de tratamento de água potável.

Tabela 17. O efeito da adição de óxido de cálcio e de diferentes tipos de polímeros no processo de coagulação durante o processo de tratamento de água potável

Tipo de aditivo	**Dosagem do aditivo (mg/L)**	**Parâmetro**			
		pH	**Turbidez (NTU)**	**DOC (mg/L)**	**UVA (cm)$^{-1}$**
Água bruta	-	7.65	2.30	4.43	0.113
	2.5	7.80	1.40	2.15	0.066

Cálcio	**5.0**	7.90	0.55	2.05	0.058
óxido	**7.5**	8.10	1.20	2.01	0.055
	10.0	8.20	1.50	1.98	0.049
Catiónico	**0.05**	7.60	0.12	1.89	0.031
Polímero (CP)	**0.10**	7.70	0.14	1.94	0.034
Aniónico	**0.05**	7.60	0.23	2.15	0.038
Polímero (AP)	**0.10**	7.40	0.70	2.20	0.036
Polímero não-	**0.05**	7.80	0.19	1.98	0.038
iónico (NAP)	**0.10**	7.60	0.15	2.01	0.036

Os dados apresentados são os valores médios de quatro análises.

Os parâmetros físico-químicos da água tratada aplicando as condições optimizadas do processo de coagulação melhorada, pré-cloração e pós-cloração (usando 5,0 mg/L e 2,0 mg/L de cloro, respetivamente) e areia como leito de filtração foram apresentados na tabela 18. Os resultados indicaram que o valor atual de SUVA da água bruta, 2,46, foi atribuído à presença de uma elevada fração hidrofílica do carbono orgânico dissolvido (DOC). Archer e Singer [215] e Amy et al. [141] revelaram que o SUVA reflecte a fração hidrofóbica da matéria orgânica que é preferencialmente removida durante a etapa de coagulação. As águas com uma fração baixa de ácidos húmicos tendem a ter SUVAs inferiores a 2,0 L/mg.m, enquanto as águas com uma fração elevada de ácidos húmicos têm SUVA entre 3,0 e 5,0 L/mg.m. Quando a SUVA é inferior a 3,0 L/mg.m, o efeito do DOC na dosagem de coagulante pode ser negligenciável e as percentagens de remoção relativamente baixas [199].

Tabela 18. Análises físico-químicas de amostras de água tratada utilizando as condições óptimas do processo de coagulação-floculação melhorada

Parâmetro	Água bruta	25,0 mg/L Alúmen	25,0 mg/L Alúmen + 7,5 mg/L CaO	25,0 mg/L Alúmen + 0,05 mg/L PC
pH	7.60	7.60	7.90	7.50
Condutividade (µS.cm- 1)	453.0	418.0	416.0	412.0
Turbidez (NTU)	2.98	0.40	0.55	0.12
Alcalinidade (mg/L)	170.0	135.0	142.0	130.0
Dureza total (mg/L)	142.0	116.0	128.0	122.0
Ca - Dureza (mg/L)	82.0	68.0	76.0	72.0

Dureza Mg (mg/L)	60.0	48.0	52.0	50.0
DOC (mg/L)	4.25	2.63	2.05	1.89
UV_{254} (cm)$^{-1}$	0.098	0.061	0.058	0.034
SUVA (L/mg.m)	2.46	2.33	2.83	1.80

Os dados apresentados são os valores médios de quatro análises, CP: Polímero catiónico.

IV.7.3. Otimização do sistema de filtragem

Estudou-se o efeito da variação do tipo de sistema de filtração na remoção dos SPD, aplicando o método de coagulação reforçada, utilizando areia e carvão ativado granular (CAG) como meio de filtração. O nível de cloro nas etapas de pré-cloração e pós-cloração foi mantido constante em 5,0 mg/L e 2,0 mg/L, respetivamente.

Os resultados do estudo indicaram que, no método optimizado de coagulação melhorada, a presença de CAG como sistema de filtração reduziu o nível de DOC para 1,92 mgC/L em comparação com 2,10 mgC/L para a filtração em areia, Tabela 19. Além disso, o nível de THMs e HAAS foi reduzido de 40,52 e 29,63 µg/L para 28,27 e 22,38 µgL, respetivamente. Além disso, a maioria das outras propriedades físico-químicas da água potável foram melhoradas na presença de CAG como meio de filtração, Tabela 19.

Os presentes resultados estão de acordo com os estudos de Kim e Kang [214] que indicaram que a remoção média de DOC da água potável utilizando a filtração com CAG, em comparação com a filtração com areia, foi de 49,5%. Esta eficiência de remoção foi constante durante os primeiros 3 meses e depois diminuiu para 30,1% nos 3 meses seguintes e para 21,5% nos 3 meses seguintes. Isto significa que a renovação ou reativação do carvão granular pode ser necessária para manter um meio eficiente para reduzir o nível de DOC, THMs e HAAs na água potável.

Tabela 19. Análises físico-químicas e orgânicas de amostras de água tratada com coagulação reforçada seguida de filtração rápida em areia ou CAG

Parâmetro	Água bruta	25 mg/L Alúmen SF	25 mg/L Alúmen + 0,05mg/L CP+ SF	25 mg/L Alúmen + 0,05 mg/L CP + CAG
pH	7.60	7.63	7.90	7.50
Condutividade (µs cm)$^{-1}$	462.0	438.0	441.0	435.0
Turbidez (NTU)	2.92	0.60	0.40	0.30
Alcalinidade (mg/L)	170.0	120.0	130.0	140.0

Dureza total (mg/L)	142.0	136.0	138.0	124.0
Dureza Ca (mg/L)	82.0	78.0	76.0	74.0
Dureza Mg (mg/L)	62.0	58.0	62.0	50.0
DOC (mg/L)	4.45	2.86	2.10	1.92
UV254 (cm)$^{-1}$	0.114	0.062	0.047	0.032
SUVA (L/mg.m)	2.58	2.19	2.45	1.56
THMs (µg/L)	93.20	42.63	40.52	28.27
HAAs (µgZL)	80.45	34.88	29.63	22.38

Os dados apresentados são os valores médios de quatro análises, CP: polímero catiónico, SF: filtro de areia, GAC: carvão ativado granular.

IV.7.4. Otimização da fase de pré-desinfeção no processo de tratamento de bebidas

Neste estudo, foram utilizados dois agentes desinfectantes como pré-desinfectantes: o dióxido de cloro e o ozono. Estes agentes são utilizados em vez do cloro nos métodos convencionais de tratamento da água potável. O estudo envolveu uma comparação entre o efeito do dióxido de cloro e do ozono na formação de THMs e HAAs nas condições optimizadas do método de coagulação melhorada e aplicando o sistema de filtração normal (areia) e o sistema de filtração optimizado (GAC).

No caso do dióxido de cloro, foram efectuadas duas experiências com três níveis de dosagem: 1,0, 2,0 e 3,0 mg/L. A primeira experiência envolveu a pós-desinfeção com ClO_2, a coagulação aplicando o método de coagulação melhorada, a filtração em areia e, finalmente, a pós-cloração. Os resultados deste estudo são apresentados na tabela 20. Estes resultados indicaram que o dióxido de cloro com um nível de 2,0 mg/L era a dosagem óptima para diminuir o nível de DOC na água potável. Comparando o efeito do ClO2 e do Cl2 no nível de COD na água potável, podemos dizer que o ClO2 foi mais eficiente na redução do nível de COD e, consequentemente, do nível de THMs e HAAs no processo de tratamento da água potável, Tabela 20.

Tabela 20. Efeito do dióxido de cloro como pré-desinfetante no nível de carbono orgânico dissolvido aplicando areia como leito de filtração no tratamento de água potável

Parâmetro	Água bruta	Tratamento convencional$^{(1)}$	Nível 1$^{(2)}$	Nível 2$^{(3)}$	Nível 3$^{(4)}$
pH	7.65	7.70	7.80	7.80	7.90

Turbidez (NTU)	2.42	0.60	0.38	0.22	0.21
DOC (mg/L)	4.58	1.75	1.60	1.42	1.44
UVA (cm)$^{-1}$	0.112	0.038	0.035	0.031	0.032

Os dados apresentados são os valores médios de três análises/nível.

(1):Alúmen = 25,0 mg/L, polímero catiónico = 0,05 mg/L, pré-Cl2 = 5,0 mg/L, filtração em areia e pós-Cl2= 2,0 mg/L

(2):Alúmen = 25,0 mg/L, polímero catiónico = 0,05 mg/L, pré-ClO2 = 1,0 mg/L, filtração em areia e pós-Cl2= 2,0 mg/L.

(3):Alúmen = 25,0 mg/L, polímero catiónico = 0,05 mg/L, pré-ClO2 = 2,0 mg/L, filtração em areia e pós-Cl2= 2,0 mg/L.

(4): Alúmen = 25,0 mg/L, polímero catiónico = 0,05 mg/L, pré-ClO2 = 3,0 mg/L, filtração em areia e pós-Cl2= 2,0 mg/L.

A segunda experiência envolveu os mesmos passos da primeira experiência, exceto a utilização do sistema de filtração optimizado, a filtração com CAG antes da pós-cloração final. Os resultados deste estudo foram apresentados na tabela 21. Estes resultados indicaram que, a um nível de 2,0 mg/L ClO2, a quantidade de DOC foi reduzida para um nível ligeiramente inferior ao do caso do filtro de areia. Isto significa que o acoplamento do CAG com ClO2 como pós-desinfetante é mais eficaz na redução do nível de COD, Tabela 21.

Tabela 21. Efeito do dióxido de cloro como pré-desinfetante no nível de carbono orgânico dissolvido aplicando CAG como leito de filtração no tratamento de água potável

Parâmetro	Água bruta	Convencional tratamento()[1]	Nível 1[(2)]	Nível 2[(3)]	Nível 3[(4)]
pH	7.80	7.60	7.70	7.80	7.60
Turbidez (NTU)	3.36	0.53	0.26	0.24	0.25
DOC (mg/L)	4.86	1.38	1.26	1.14	1.21
UVA (cm)$^{-1}$	0.126	0.082	0.026	0.025	0.024

Os dados apresentados são os valores médios de três análises.

(1): Alúmen = 25,0 mg/L, polímero catiónico = 0,05 mg/L, pré-Cl2 = 5,0 mg/L, filtração em CAG e pós-Cl2 = 2,0 mg/L.

(2): Alúmen = 25,0 mg/L, polímero catiónico = 0,05 mg/L, pré-ClO2 = 1,0 mg/L, filtração em CAG e pós-Cl2 = 2,0 mg/L. (3): Alúmen = 25,0mg/L, polímero catiónico = 0,05 mg/L, pré-ClO2 = 2,0 mg/L, filtração em CAG e pós-Cl2 = 2,0 mg/L. (4): Alúmen = 25,0 mg/L, polímero catiónico = 0,05 mg/L, pré-ClO2 = 3,0 mg/L, filtração em CAG e pós-Cl2 = 2,0 mg/L.

No caso do ozono, as experiências anteriores foram repetidas com a mesma sequência, em que o ozono foi utilizado como pré-desinfetante e a areia e o CAG como meio de filtração. Os resultados da análise foram apresentados nas tabelas 22-24. Estes resultados indicam que a combinação de ozono com CAG é melhor do que a combinação de ozono com filtro de areia na remoção de DOC e UVA254.

Tabela 22. Efeito do ozono como pré-desinfetante no nível de carbono orgânico dissolvido aplicando filtro de areia como leito de filtração no tratamento de água potável

Parâmetro	Água bruta	Convencional tratamento"	Nível 1(2)	Nível 2(3)
pH	7.90	7.50	7.70	7.80
Turbidez (NTU)	3.40	0.56	0.29	0.32
DOC (mg/L)	4.89	1.43	1.17	1.29
UVA (cm)$^{-1}$	0.1368	0.0921	0.0257	0.0273

Os dados apresentados são os valores médios de quatro análises.

(1): Alúmen = 25,0 mg/L, polímero catiónico = 0,05 mg/L, pré-Cl2 = 5,0 mg/L, filtração em areia e pós-Cl2 = 2,0 mg/L.

(2): Alúmen = 25,0 mg/L, polímero catiónico = 0,05 mg/L, pré-ozonação = 2,0 mg/L, filtração em areia e pós-Cl2 = 2,0 mg/L

(3): Alúmen = 25,0 mg/L, polímero catiónico = 0,05 mg/L, pré-ozonação = 3,0 mg/L, filtração em areia e pós-Cl2 = 2,0mg/L.

Tabela 23. Efeito do ozono como pré-desinfetante no nível de carbono orgânico dissolvido aplicando CAG como leito de filtração no tratamento de água potável

Parâmetro	Água bruta	Convencional tratamento()1	Nível 1(2)	Nível 2(3)
pH	8.10	7.50	7.70	7.80
Turbidez (NTU)	3.47	0.54	0.25	0.28
DOC (mg/L)	4.78	1.43	1.21	1.26
UVA (cm)$^{-1}$	0.1290	0.0921	0.0237	0.0267

Os dados apresentados são os valores médios de três análises.

(1): Alúmen = 25,0 mg/L, polímero catiónico = 0,05 mg/L, pré-Cl2 = 5,0 mg/L, filtração por carvão e pós-Cl2 = 2 mg/L.

(2): Alúmen = 25,0 mg/L, polímero catiónico = 0,05 mg/L, pré-ozonação= 2,0 mg/L, filtração por carbono e pós-Cl2 = 2,0mg/L.

(3): Alúmen = 25,0 mg/L, polímero catiónico = 0,05 mg/L, pré-ozonação = 3,0 mg/L, filtração com carvão e pós-Cl2 = 2,0 mg/L.

Tabela 24. Comparação entre areia e filtro CAG no tratamento de águas superficiais utilizando coagulação reforçada e ozono como desinfetante na fase de pré-tratamento

Parâmetro	*Água bruta	**Ozono 3,0 mg/L SF	+**Ozono 3,0 mg/L +GAC
pH	7.69	7.56	7.63
Turbidez (NTU)	2.92	0.20	0.19
DOC (mg/L)	4. 65	1.64	1.48
UV254 (cm)$^{-1}$	0.114	0.027	0.025
THMs (µg/L)	61.64	21.69	18.95

HAAs (µg/L)	40.85	14.48	12.56

Os dados apresentados são os valores médios de três análises.

** Água bruta 1 = Água do rio Nilo pré-clorada com 5,0 mg/L de Cl2 e pós-clorada com 2,0 mg/L de Cl_2. **Alúmen = 25,0 mg/L, polímero catiónico = 0,05 mg/L, dosagem de pré-ozonização = 3,0 mg/L e pós-Cl2 = 2,0 mg/L.*

Como se mostra na tabela 25, as percentagens de remoção de THMs, HAAs, DOC e UVA foram de 70,01, 69,11, 77,34 e 68,03%, respetivamente, quando utilizámos o ozono como pré-desinfetante, enquanto as percentagens de remoção foram muito mais baixas (53,09%, 57,21%, 76,68% e 71,07%, respetivamente) utilizando o dióxido de cloro como pré-desinfetante, o que pode ser explicado pelo facto de o poder de oxidação do ozono ser superior ao do dióxido de cloro.

Tabela 25. Comparação entre o dióxido de cloro e o ozono como agentes pré-desinfectantes

Parâmetro	Bruto	2,0 mg/L O_3+ CAG	2,0 mg/L ClO_2+ CAG
pH	7.61	7.63	7.67
Turbidez (NTU)	2.92	0.19 (R%=93.50%)	0.24 (R%=91.70%)
DOC (mg/L)	4. 65	1.48 (R%=68.01%)	1.34 (R%=71.02%)
UV_{254} (cm)$^{-1}$	0.114	0.025 (R%=77.34%)	0.026 (R%=76.68%)
THMs (µg/L)	61.64	18.95 (R%=70.04%)	28.94 (R%=53.04%)
HAAs (µg/L)	40.85	12.56 (R%=69.10%)	17.23 (R%=57.02%)

Os dados apresentados são a média de três análises. R% a percentagem de remoção.

IV.7.5. Modelo da função de potência

O modelo de função de potência é um modelo de regressão múltipla que está prontamente disponível para prever a possibilidade de formação de SPD como resultado do processo de cloração. Este modelo já serviu de base para o modelo original da EPA para estações de tratamento de água. No entanto, este modelo baseia-se em doses elevadas de cloro aplicadas a fontes de água bruta/não tratada. Recentemente, foram desenvolvidos outros modelos (a seguir designados modelos EPA 1998) que se baseiam em doses baixas de cloro aplicadas quer a águas brutas/não tratadas quer a águas coaguladas quimicamente (tratadas convencionalmente). Estes novos modelos previram o total de THM, para além de quatro fracções destas espécies. Também foi possível determinar o total de HAAs e cinco espécies. A base de dados deste modelo baseia-se nos dados básicos derivados de doze águas brutas/não tratadas com um subconjunto de oito águas sujeitas a coagulação com alúmen e ferro. O presente modelo de água bruta considerou a seguinte função de potência de múltiplos parâmetros:

$$\text{THM or HAA} = K\,(TOC)^a\,(Cl_2)^b\,(temp)^c\,(pH)^d\,(t)^e \qquad \text{Eq.(1)}$$

em que TOC é o carbono orgânico total (mg/L), Temp é a temperatura (º C), Cl_2 é a dosagem de cloro (mg/L) e t é o tempo de reação (minuto), enquanto k, a, b, c, d, e, e f são constantes empíricas. Este modelo pode ser aplicado a várias qualidades de água (por exemplo, água com diferentes níveis de TOC, bem como a diferentes condições de funcionamento (por exemplo, pH, dosagem de Cl2 e temperatura). A principal limitação do modelo em bruto/não tratado é a aplicabilidade questionável destes modelos a águas tratadas, enquanto os modelos de PCD em água coagulada têm uma limitação na aplicação a simulações de PCD em instalações e sistemas de distribuição, porque a temperatura e o pH não são considerados como variáveis.

Os dados necessários para executar este modo são o pH, a temperatura, o tempo de reação, o nível de dosagem de cloro e o nível de carbono orgânico total (TOC). As constantes empíricas ou os valores dos coeficientes, que representam o efeito de cada parâmetro na formação de DBP, devem ser considerados. Por exemplo, o coeficiente do pH para os trihalometanos totais (TTHM) é positivo, equações 2 a 5, enquanto é negativo no caso dos HAA. Este efeito negativo deve-se à formação de ácido monocloroacético (MCAA), em que os valores elevados de pH induzem a hidrólise catalisada por bases para HAAs, Tabela 27.

Modelo baseado em TOC

$$\text{TTHMs} = 10^{-1.385}\,(TOC)^{1.098}\,(Cl_2)^{0.152}\,(temp)^{0.609}\,(pH)^{1.601}\,(t)^{0.263} \quad \text{where } R^2 = 0.90, \quad \text{Eq.(2)}$$

Modelo baseado em TOC

$$\text{HAAs} = 9.98\,(TOC)^{0.935}\,(Cl_2)^{0.339}\,(temp)^{0.614}\,(pH)^{-0.653}\,(t)^{0.178} \quad \text{where } R^2=0.87 \quad \text{Eq.(3)}$$

Modelo baseado em UVA

$$\text{TTHMs} = 0.42\,(UVA)^{0.482}\,(Cl_2)^{0.152}\,(temp)^{0.609}\,(pH)^{1.609}\,(t)^{0.261} \quad \text{where } R^2=0.70 \quad \text{Eq.(4)}$$

Modelo baseado em UVA

$$\text{HAAs} = 171.4\,(UVA)^{0.584}\,(Cl_2)^{0.395}\,(temp)^{0.396}\,(pH)^{-0.645}\,(t)^{0.178} \quad \text{where } R^2=0.86 \quad \text{Eq.(5)}$$

Nas equações acima, R^2 é a regressão correspondente a cada parâmetro. O melhor resultado simulado para este modelo foi o modelo baseado no TOC para os THM, em que R^2 =0,90, enquanto o pior foi o modelo baseado no UV para os HAA, em que R^2 =0'70". Isto significa que o teor de TOC tem maior efeito na formação de SPD do que o teor de aromáticos. Os resultados obtidos com o modelo coincidem com os obtidos no presente estudo.

Tabela 26. Formação de THMs e HAAs em diferentes condições de funcionamento aplicando os cálculos do modelo da função de potência

Parâmetro	Valores	THMs (µg/L)				HAAs (µg/L)		
		CF	DCBM	DBCM	BF	MCAA	DCAA	TCAA
Cl_2 (mg/L)[(a)]	1.0	791.01	263.11	88.22	24.11	390.12	28.89	37.23
	2.0	1054.11	350.05	117.34	32.41	521.21	56.87	105.41
	3.0	1100.23	376.56	124.51	34.61	572.89	61.13	116.51
	4.0	1172.21	389.34	130.21	36.08	818.54	161.81	176.60
	5.0	1220.03	406.98	136.56	38.76	1003.09	197.08	215.07
Temperatura	18.0	1220.08	136.07	406.89	30.43	954.21	148.84	130.14
(° C)[(b)]	20.0	1233.81	137.13	490.77	30.11	992.66	188.80	150.91
	25.0	1553.55	173.77	516.03	38.08	1049.45	163.21	143.80
	30.0	1709.23	190.65	568.55	42.77	1091.90	208.88	165.23
pH[(c)]	5.0	590.77	67.21	90.81	90.20	594.31	59.55	45.91
	6.0	846.12	254.87	101.31	101.78	599.09	81.89	66.05
	7.0	1040.34	289.46	147.80	147.09	794.89	108.61	87.45
	8.0	520.09	34.91	53.57	53.66	988.58	182.78	140.20
	9.0	494.56	30.77	18.21	18.54	464.01	96.66	357.89
TOC	2.0	661.78	368.99	123.10	27.44	359.34	76.11	60.19
(mg/L)[(d)]	4.0	1041.89	386.07	129.98	28.08	534.08	78.40	77.45
	6.0	1220.03	406.56	136.44	30.13	763.65	115.06	109.88
	10.0	1349.78	412.76	138.04	31.93	988.42	182.34	140.91
	15.0	1490.90	418.85	140.66	33.08	1186.81	273.76	197.89
Tempo de contacto	15.0	1050.09	115.22	386.32	30.23	707.66	182.08	77.08
(minuto)[(e)]	30.0	1114.71	136.61	406.12	35.78	794.50	145.78	87.67
	60.0	1163.71	181.08	426.22	37.31	879.06	108.49	112.48
	120.0	1391.12	256.13	447.77	38.76	988.38	96.66	140.85

CF: clorofórmio, DCBM: diclorobromometano, DBCM: dibromoclorometano, BF: bromofórmio

MCAA: ácido monocloroacético, DCAA: ácido dicloroacético, TCAA: ácido tricloroacético

a: Efeito da dosagem de cloro na formação de THMs e HAAs; as condições constantes são pH = 7,5, Temperatura = 25°C, TOC = 10,0 mgC/L e tempo de contacto = 120 min.

b: Efeito da temperatura na formação de THMs e HAAs; pH = 7,5, TOC = 10,0 mgC/L, Cl_2 -dosagem = 5,0 mg/L e tempo de contacto=120 min.

c: Efeito do pH na formação de THMs e HAAs; as condições constantes são tempo de contacto = 120 min, temperatura = 25°C, TOC = 10,0 mgC/L e Cl_2 -dosagem = 5,0 mg/L.

d: Efeito da concentração de COT na formação de THMs e HAAs; as condições constantes são tempo de contacto=120 min, pH=7,5, Cl_2 -dosagem=5,0 mg/L e Temperatura=25º C.

e: Formação de THMs e HAAs em função do tempo de contacto; as condições constantes são pH = 7,5, Temperatura = 25°C, TOC = 10,0 mgC/L e Cl_2 -dosagem = 5,0 mg/L.

IV.7.6. Aplicação de diferentes combinações de tratamento em amostras reais de água de ETARs

Esta parte envolve a comparação entre os métodos de tratamento convencional e optimizado para amostras reais de resíduos recolhidas na entrada das diferentes estações de tratamento envolvidas neste estudo. Aplicando o trem de tratamento optimizado, o UV_{254} foi reduzido em 67,48-79,46%, enquanto a redução máxima do UV_{254} aplicando o trem de tratamento convencional foi de 52,80%. A redução do teor de DOC foi de 52,80-70,74% em comparação com 35,70-52,48% para os métodos de tratamento optimizado e convencional, respetivamente. No que diz respeito à redução de THMs e HAAs, o comboio convencional reduziu os THMs em 26,50-55,15% e os HAAs em 47,60-62,80%, enquanto que o comboio optimizado reduziu os níveis de THMs em 69,40-76,50%, enquanto que para os HAAs o seu nível reduziu para cerca de 64,46-72,38%, Tabela 27. Como resultado, o presente sistema de tratamento optimizado para água potável é eficiente na remoção de DOC e THMs e HAAs em comparação com os actuais métodos convencionais nas estações de tratamento egípcias.

Tabela 27. Comparação entre as linhas de tratamento convencionais e optimizadas para amostras reais de água recolhidas nas ETAR de Embaba, Fostat, Mostorod e El- Dahab

Comboio de tratamento	UVA_{254}		DOC		THMs		HAAs	
	cm^{-1}	R%	mgC/L	R%	µg/L	R%	µg/L	R%
Entrada da ETAR de Embaba	0.114	-	4.45	-	93.24	-	80.45	-
Comboio 1	0.062	45.40	2.86	35.70	40.18	55.00	29.93	62.80
Comboio 2	0.032	71.30	2.10	52.80	28.52	69.40	22.59	71.90
ETAP de Fostat Entrada	0.126	-	4.65	-	13.24	-	18.94	-
Comboio 3	0.059	52.80	2.91	37.40	9.72	26.50	7.56	60.08
Comboio 4	0.026	79.00	1.34	68.10	3.94	76.50	5.23	72.38
Mostorod Entrada da ETAD	0.126	-	4.56	-	61.64	-	40.85	-
Comboio 5	0.067	46.70	2.36	48.24	27.64	55.15	20.45	50.06
Comboio 6	0.025	79.46	1.48	67.54	14.48	76.50	12.56	69.25
Entrada da ETAR	0.130	-	4.82	-	75.45	-	65.43	-

de El-Dahab								
Comboio 7	0.062	52.26	2.29	52.48	39.27	47.95	34.28	47.60
Comboio 8	0.042	67.48	1.41	70.74	20.09	73.37	23.25	64.46

R% Percentagem de remoção

Comboio 1: o tratamento convencional na ETAR de Embaba.

Trem 2: o trem de tratamento otimizado para a água bruta da entrada da estação de Embaba.

Comboio 3: o tratamento convencional na ETAR de Fostat.

Comboio 4: o comboio de tratamento optimizado para a água bruta proveniente da entrada da estação de Fostat.

Comboio 5: o tratamento convencional na ETAR de Mostorod.

Comboio 6: o comboio de tratamento optimizado para a água bruta proveniente da entrada da estação de Mostorod.

Comboio 7: o tratamento convencional na ETAR de El-Dahab.

Comboio 8: o comboio de tratamento optimizado para a água bruta proveniente da entrada da estação de El-Dahab.

A sequência de tratamento ideal é a pré-ozonização (2,0 mg/L), a coagulação reforçada (25,0 mg/L de alúmen + 0,05 mg/L de polímero catiónico), a filtração com carvão ativado granular (CAG) e a pós-cloração (2,0 mg/L).

RESUMO

A presente tese contém um estudo sistemático sobre a redução dos níveis de THMs e HAAs na água potável. Foram estudados a caraterização e o nível de matérias orgânicas naturais (NOM) na água potável bruta fornecida pelo rio Nilo e a sua relação com a formação de subprodutos de desinfeção (DBPs) durante os processos de tratamento. As amostras de água foram recolhidas em quatro estações de tratamento de água potável (Embaba, El-Dahab Island, Fostat e Mostorod) e no seu sistema de distribuição na zona metropolitana do Cairo. Foram estudados os diferentes factores que afectam a formação de THMs e HAAs, a fim de otimizar o processo de tratamento para reduzir o nível de DBPs de desinfeção.

A tese é composta por quatro capítulos

1. **Capítulo I**: Inclui uma introdução sobre o atual sistema de tratamento que é utilizado nas estações de tratamento de água potável no Egito. Além disso, a natureza e o carácter da matéria orgânica natural (NOM), que é o principal precursor da formação de THMs e HAAs.

2. **Capítulo II**: Inclui o estudo da literatura sobre os seguintes tópicos

1- Desinfectantes comuns utilizados na desinfeção de águas de superfície.

2- Efeitos adversos para a saúde dos trihalometanos e dos ácidos haloacéticos.

3- Modelos aplicados ao tratamento de trihalometanos e ácidos haloacéticos.

4- Factores que afectam a formação de subprodutos de desinfeção.

5- Potencial de formação de trihalometano e potencial de formação de ácido haloacético.

6- Processos de oxidação avançados e sua relação com a formação de DBPs.

7- Mitigação dos níveis de DBPs e seus precursores por diferentes métodos.

8- Métodos de análise e caraterização de DBPs e seus precursores.

3. **Capítulo III**: Este capítulo descreve a parte experimental, no campo e no laboratório, tratando dos materiais, reagentes, instrumentos utilizados, bem como das técnicas experimentais aplicadas.

4. **Capítulo IV**: Inclui os resultados e a discussão

1- Parâmetros físico-químicos da água nas estações de tratamento de água potável estudadas.

2- Níveis de subprodutos de desinfeção nas saídas de água das ETAR.

3- Especiação de trihalometanos e ácidos haloacéticos.

4- Factores que afectam a formação de THMs e HAAs.

5- Potencial de formação de trihalometanos e ácidos haloacéticos.

6- Fracionamento dos carvões orgânicos dissolvidos e sua contribuição na formação de subprodutos de desinfeção.

7- Modificação do método de tratamento da água potável.

Os resultados deste estudo mostraram que o valor médio das matérias orgânicas naturais na água bruta foi de 5,14, 4,43, 4,24 e 3,28 mgC/L com um valor médio de UVA_{254} de 0,0947, 0,0948, 0,069 e 0,066 nas estações de tratamento de água potável (ETAP) de Embaba, Ilha El-Dahab, Fostat e Mostorod, respetivamente. Os valores de $SUVA_{254}$ foram baixos a médios (1,62 - 2,54 mL/mgC), o que indica que o NOM nas águas brutas tem baixo peso molecular com caraterísticas hidrofílicas e alifáticas. Foi medido o nível de substâncias nocivas, trihalometanos (THMs) e ácidos haloacéticos (HAAs). Os resultados indicaram que a concentração mais elevada de THMs na água potável foi detectada na ETAR de Embaba, enquanto a concentração mais baixa foi detectada na ilha de El Dahab.

Foram estudados os diferentes factores que afectam a formação de THM e HAA, tais como o pH, a dosagem de cloro, o tempo de contacto entre o cloro e o NOM, a concentração de carbono orgânico total (TOC) na água e a temperatura da massa de água. Foi efectuado o fracionamento do carbono orgânico dissolvido (COD) na água em fracções hidrofílicas (HPI), fracções hidrofóbicas (HPO) e fracções transfílicas (TPI). A espécie mais reactiva foi a fração HPI, que tem a maior contribuição para a formação de SPD. Foi sugerida e optimizada uma modificação do método de tratamento convencional para reduzir o nível de THMs e HAAs na água potável, aplicando pré-ozonização, coagulação reforçada, filtração com areia e carvão ativado granular (GAC) e pós-cloração.

REFERÊNCIAS

[1] A.M. Abd El Aty, M. B. Ibrahim, M.A. El Dib, E.K. Radwan, J. World Appl. Sci., 9, 1215-1220 (2009).

[2] E.M. Aieta, J.D. Berg, J. Am. Wat. Wks, Assoc., 78, 62-70 (1986).

[3] M. Alawi, F.I. Khalill, Environ. Contam. Toxicol, 26, 381-386 (1994).

[4] Critérios do Ministério da Saúde para a água potável. Ministério da Saúde do Egito, Cairo, (2007).

[5] B.P. Allpike , A. Heitz , C.A. Joll , R.I. Kagi, G. Abbt-Braun, F.H. Frimmel, T. Brinkmann, N. Her, G.,Environ.Sci.Technol 39, 2334-2342 (2005).

[6] American Water Works Association (AWWA), Water Quality and Treatment 5th ed. McGraw Hill, Nova Iorque, EUA, 1999.

[7] D.N. Anastasia, K.S. Golfinopoulos, T.D. Lekkas e G.B. Arhonditsis, Water, Air, & Soil Pollution, 159, 357-371 (2004).

[8] M.A. El-Dib, M.I. Badawy, R.K. Ali, Produtos de desinfeção clorados na água potável em Bani-suif, Egito: A case study international conference water supply and water quality, krakow-poland, september 11-13, 2000.

[9] H. Arora, M.W. Le Chevallier, K.L. Dixon, J. Am. Wat. Wks. Assoc., 89, 60-68 (1997).

[10] E.R. Blatchley, D. Margetas, Water Res., 37, 4385-4394 (2003).

[11] M. Boller, S. Blaser , Water Sci. Technol., 37, 9-29 (1998).

[12] B. Bolto, D. Dixon, R. Eldridge, S. King, Water Res., 35, 2669- 2676 (2001).

[13] T. Bond, E.H. Goslan, B. Jefferson, F. Roddick, L. Fan, S.A. Parsons, Water Res., 43, 2615-2622 (2009 a).

[14] T. Bond, O. Henriet, E.H. Goslan, S.A. Parsons, B. Jefferson, Environ. Sci. Technol., 15, 5982-5989 (2009 b).

[15] T. Bond, J. Huang, M.R. Templeton, N. Graham,. Water Res., 15, 43414354 (2011).

[16] C.M. Bougeard, E.H. Goslan, B. Jefferson, S.A. Parson, Water Res. 44, 729-740 (2010).

[17] S.D. Boyce, J.F. Hornig, Environ. Sci. Technol., 17, 202-211 (1983).

[18] R.W. Brett, R.A. Calverley, J. Am. Wat. Wks. Assoc., 71, 515-520 (1979).

[19] S. Caillet, S. Lessard, G. Lamoureux, M. Lacroix, Food Chem. 4, 16991707 (2011).

[20] P.G.C. Campbell, M.R. Twiss, K.J. Wilkinson, Can. J. Fish. Aquat. Sci., 54, 2543-2554 (1997).

[21] E.E. Chang, P.C. Chiang, S.H. Chao, Y.L. Lin, Chemosphere, 64, 11961203 (2006).

[22] E.E. Chang, Y.P. Lin, P.C. Chiang, Chemosphere, 43, 1029-1034 (2001).

[23] M.Y. Chang, R.S. Juang, J. Colloid Interf. Sci., 278, 18-25 (2004).

[24] K.W. Chau, Water Sci. Technol., 50, 119-124 (2004).

[25] C. Chen, X. Zhang, W. He, W. Lu, H. Han, Sci. Total Environ, 382, 93102 (2007).

[26] P.C. Chiang, E.E. Chang, P.C. Chang, C.P. Huang, Sci. Total Environ., 407, 5735-5742 (2009).

[27] P.C. Chiang, E.E. Chang, C.C. Chuang, C.H. Liang, C.P. Huang, Chemosphere, 80, 327-333 (2011).

[28] M.H. Kim, M.J. Yu, Environmental Research, 97, 116-123 (2005).

[29] C.W.K. Chow, R. Fabris, J. Van Leeuwen, D.S. Wang, M. Drikas, Environ.Sci.Technol., 42, 6683-6689 (2008).

[30] C.W.K. Chow, J. Van Leeuwen, M. Drikas, R. Fabris, K.M. Spark, Water Sci.Technol., 40, 97-104 (1999).

[31] W.H. Chu, N. Gao, D. Yin, Y. Deng, M.R. Templeton, Chemosphere, 86, 1087-1091 (2012).

[32] K. Chung, T. Wong, C. Wei, Y. Huang, Y. Lin , Food Sci. Nutr., 38, 421464 (1998).

[33] R.M. Clark, R.C. Thurnau, M. Sivaganesan, P. Ringhand, J. Environ. Eng., 127, 493-501 (2001).

[34] H. Claus Laccases, Micron., 23, 3593-3596 (2004).

[35] G.A. Codd, L.F. Morrison, J.S. Metcalf, Toxicol. Appl. Pharmacol, 203, 264-272 (2005).

[36] E.R.V. Dickenson, R.S. Summers, J.P. Croué, H. Gallard, Environ. Sci. Technol., 42, 3226-3233 (2008).

[37] D.S. Wang, L.N. Xing, J.K. Xie, C.W.K. Chow, Z.Z. Xu, Y.M. Zhao, M. Drikas, Chemosphere, 81, 39-45 (2010).

[38] A. Da browska, J. Swietlik, J. Nawrocki, Water Res., 5, 1161-1169 (2003).

[39] I. Delpla, A.Z. Jung, E. Baures, M. Clement, O. Thomas O, Environ. Int, 35, 1225-1233 (2009).

[40] J.P. Croue', J.F. DeBroux, G.L. Amy, G. Aiken, J. Leenheer. J. Am. Wat. Wks, Assoc, Denver (1999).

[41] J.K. Edzwald, J.E. Tobiason, Water Quality and Treatment: A Handbook on Drinking Water,

6th ed., AWWA e McGraw-Hill, Nova Iorque (Capítulo 3) (2010).

[42] A. Matilainen, M. Vieno, T. Tuhkanen, Environ. Int., 32, 324-331 (2006).

[43] M.F. El-Shahat, S.H. Abdel-Halim, G.A. Hassan, Bull. Environ. Contam. Toxicol, 67, 549-553 (2001).

[44] K.S. Werdhoff, P.C. Singer, J. Am. Wat. Wks. Assoc., 79, 107-113 (1987).

[45] R.J. Erickson, D.A. Benoit, V.R. Mattson, H.P. Nelson, E.N. Leonard, Environ. Toxicol. Chem., 15, 181-193 (1996).

[46] J.R. Ertel, J.I. Hedges, E.M. Perdue, Lignin signature of aquatic humic substances Science, 223, 485-487 (1984).

[47] B. Eikebrokk, R.D. Vogt, H. Liltved, Water Sci. Technol., 4, 47-54 (2004).

[48] J. Fang, J. Ma, X. Yang, C. Shang, Water Res., 44, 1934-1940 (2010).

[49] M. Filella, J. Buffle, N. Parthasarathy, Encylopedia of Analytical Science, Academic Press, 4, 288-298 (2004).

[50] C. Forsberg, R.C. Petersen, Verh. Int. Ver. Limnol., 24, 289-292 (1990).

[51] S.D. Freese, D.J. Nozaic, M.J. Pryor, R. Rajogopaul, D.L. Trollip, R.A. Smith, Water Sci. Technol.Water Supply, 1, 33-41 (2001).

[52] H. Gallard, U. Von Gunten, Water Res., 36, 65-74 (2002).

[53] F. Galvez, A. Donini, R.C. Playle, S. Smith, M. O'Donnell, C.M. Wood, Environ. Sci. Technol., 42, 9385-9390 (2009).

[54] C. Glover, E.F. Pane, C.M. Wood, Physiol. Biochem. Zool, 78, 405-416 (2005 a).

[55] S.K. Golfinopoulos, M.N. Kostopoulou, T.D. Lekkas, Environ. Sci. Health, 31, 67-81 (1996).

[56] S.K. Golfinopoulos, G.B. Arhonditsis, Chemosphere, 47, 1007-1018 (2002).

[57] H. Guanghui, A.D. Reckhow, Water Res., 47, 4322-4 330 (2013).

[58] F. Hammes, E. Salhi, O. Koster, H.P. Kaiser, T. Egli, U. Von Gunten, Water Res., 40, 2275-2286 (2006).

[59] A. Tubic, J. Agbaba, B. Dalmacija, J. Molnar, S. Maletic, M. Watson, S. U. Perovi, Journal of Environmental Management, 118, 153-160 (2013).

[60] N. Her, G. Amy, H.R. Park, M. Song, Water Res., 38, 1427-1438 (2004).

[61] H.C. Hong, Y. Liang, B.P. Han, A. Mazumder, M.H. Wong (2007) Sci. Total Environ., 385,

48-54 (2007).

[62] P.G. Hatcher, E.C. Spiker, Degradação selectiva de biomoléculas vegetais. Em: Frimmel, F.H., Christman, R.F. (Eds.), Humic Substances and Their Role in the Environment. John Wiley & Sons, Nova Iorque, 3rd edition, NY, 59-74 (1988).

[63] S.G. Huber, K. Kotte, H.F. Scholer, J. Williams, Environ. Sci. Technol., 43, 4934-4939 (2009).

[64] Z. Huixian, Y. Sheng, X. Xu, X. Ouyong, Water Res., 31, 1536-1541 (1997).

[65] H.C. Hong, A. Mazumder, M.H. Wong, Y. Liang, Water Res., 42, 49414948 (2008 a).

[66] H.C. Hong, M.H. Wong, Y. Liang, Environ. Con. Tox., 56, 638-645 (2009).

[67] A.C. Houston, Macmillian&Co (1913).

[68] S.E. Hrudey, Water Res,. 43, 2057-2092 (2009).

[69] J. Hu, H. Song, J.W. Addison, T. Karanfil, Water Res., 44, 105-114 (2010).

[70] W.D. King, L. Dodds, A.C. Allen, Environ. Health Perspect, 108, 883-886 (2000).

[71] G. Indiana, Escola de Ciências Químicas e Engenharia, Instituto Real de Tecnologia, Suécia, ISBN 978-91-7415-856-4 (2011).

[72] IRIS (Sistema Integrado de Informação de Riscos). Base de dados em linha. Washington D.C. USEPA 2012 [http://www.epa.gov/iris/subst/index.html (Acedido: Dez., 2012).

[73] I. Ivancev-Tumbas, B. Dalmacija, Water Res., 16, 3950-3958 (2001).

[74] USEPA, Enhanced Coagulation and Enhanced Precipitative Softening Guidance Manual, EPA, Office of Water and Drinking Ground Water, Washington, D.C, 1-120, (1998).

[75] J. Jacangelo, J. DeMarco, D. Owen, S. Randtke, J. Am. Wat. Wks. Assoc., 1, 64-77 (1995).

[76] J.V. Goldstone, M.J. Pullin, S. Bertilsson, B.M. Voelker, Environ. Sci. Technol., 36, 364-372(2002).

[77] J.G. Jacangelo, N.L. Patania, K.M. Reagen, E.M. Aieta, S.W. Krasner M.J. McGuire, J. Am. Water Wks. Assoc., 81, 74-84 (1989).

[78] J.D. Johnson, J.N. Jensen, J. Am. Wat. Wks. Assoc., 78, 156-161 (1986).

[79] M. Haitzer, S. Hoss, W. Traunspurger, C. Steinberg, Chemosphere, 37, 1335-1362 (1998).

[80] S.W. Krasner, H.S. Weinberg, S.D. Richardson, S.J. Pastor, R. Chinn, M.J. Sclimenti, G.D. Onstad, A.D. Thruston, Environ. Sci. Technol., 40, 7175-7185 (2006).

[81] S.H. Joo, W.A. Mitch, Environ. Sci. Technol., 41, 1288-96 (2007).

[82] L. Kiene, W. Lu, Y. Levi, Water Sci. Technol., 38, 219-227 (1998).

[83] M. Kitis, T. Karanfil, A. Wigton, J.E. Kilduff, Water Res., 36, 3834-3848 (2002).

[84] S.B. Clark, J.S. Gaffney, N.A. Marley, , Ácidos húmicos, fúlvicos e materiais orgânicos coloidais no ambiente. In: Gaffney, J.S., Marley, N.A., Clark, S.B.(Eds.), American Chemical Society Symposium Book Series. Sociedade Americana de Química, Washington, D.C (1996).

[85] D. Gang, T.E. Clevenger, S.K. Banerji, J. Hazard. Mater., 96, 1-12 (2003).

[86] A.A. Koelmans, L. Prevo, Water Res., 37, 2217-2222 (2003).

[87] Y. Komaki, J. Pals, E.D. Wagner, B.J. Marinas, M.J. Plewa,. Environ. Sci. Technol, 43, 8437-8442 (2009).

[88] F.X. Kong, W. Hu, Y. Liu, Environ. Exp. Bot., 40, 105-111 (1998).

[89] S.W. Krasner, G. Amy, J.Am. Wat. Wks. Assoc., 87, 93-107 (1995).

[90] P. Jarvis, B. Jefferson, S.A. Parsons, Water Res., 40, 2727-2737 (2006).

[91] S.W. Krasner, P. Westerhoff, B. Chen, B.E. Rittmann, S.N. Nam, G. Amy, Environ. Sci. Technol., 43, 2911-2918 (2009).

[92] P. Kujbida, E. Hatanaka, A. Campa,P. Colepicolo, E. Pinto, Biochem. Biophys. Res. Commun., 341, 273-277 (2006).

[93] A. Kullberg, K.H. Bishop, A. Hargeby, M. Jansson, R.C. Petersen, Ambio, 22, 331-337 (1993).

[94] R. Lamsal, M.E. Walsh, G.A. Gagnon, Water Res., 45, 3263-3269 (2011).

[95] R.A. Larson, A.L. Rockwell, Environ. ScLTechnol, 13 325-329 (1979).

[96] J.A. Leenheer, J.P. Croue, Environ. Sci.Technol., 37, 18-26 (2003).

[97] B. Legube, J.P. Croue, D.A. Reckhow, M. Dore, The Role of Ozone in the Water and Wastewater Treatment, Selper, Ltd., Londres, 73-86 (1985).

[98] A. Lethron , The Effect of Alkaline Earth Metal Ions on the Formation of Disinfection by-products in Drinking Water, tese de mestrado, Department of Applied Chemistry, Curtin University of Technology. Perth, Austrália Ocidental, (2005).

[99] J.W. Li, Z. Yu, X. Cai, M. Gao, F. Chao, Rat. Res., 30, 2371-2376 (1996).

[100] L. Liang, P.C. Singer Environ. Sci. Techno., 37, 2920-2928 (2003).

[101] Y.L. Lin, P.C. Chiang, E.E. Chang J. Haz. Mater,. 146, 20-29 (2007).

[102] J. Liu, X. Li, Chemosphere, (2010).

[103] J.R. Lubbers, S. Chauhan, J.K. Miller, J.Environ. Pathol. Toxicol. Oncol., 5, 239-242 (1984).

[104] S.K. Golfinopoulos, A. Nikolaou, Environ. Sci. Health, 36, 483-499 (2001).

[105] C.D. Luider, J. Crusius, R.C. Playle, P.J. Curtis, Environ. Sci. Technol., 28, 2865-2872 (2004).

[106] H. Ma, H.E. Allen, Y. Yin, Water Res., 35, 985-996 (2001).

[107] W.J. Masschelein, Unit processes in drinking water treatment. New York: Marcel Dekker, (1992).

[108] A.Y.O. Matsuo, B.R. Woodin, C.M. Reddy, A.L. Val, J.J. Stegeman, Environ. Sci. Technol., 40, 2851-2858 (2006).

[109] U. Von Gunten, Water Res., 37, 1443-1467 (2003).

[110] D.M. Di Toro, H.E. Allen, H.L. Bergman, J.S. Meyer, P.R. Paquin, R.C. Santore, Environ. Toxicol. Chem., 20, 2383-2396 (2001).

[111] T. Meinelt, A. Paul, T.M. Phan, E. Zwirnmann, A. Kruger, A. Wienke, C.E.W. Steinberg, Aquat. Toxicol., 83, 93-103 (2007).

[112] N. Her, G. Amy, J. Sohn, U. Von Gunten, J.Water Supply Res., 5735-5744 (2008).

[113] W.A. Mitch, S.W. Krasner, P. Westerhoff, A. Dotson, Water Res. Found., D., CO., EUA, (2009).

[114] K.M. Mok, H. Wong, X.J. Fan, Global Nest J., 1, 1-16 (2005).

[115] J.C. Morris, B. Baum, Precursores e mecanismos de formação de haloformes na cloração de água de abastecimento, em: R.L. Jolley, H. Gorchev, H. Hamilton Jr. (Eds.), Water Chlorination: Environmental Impact and Health Effect, Ann Arbor Science, Michigan, 29-48(1978).

[116] C.M. Morrow, R.A. Minear, Water Res., 21, 41-48 (1987).

[117] R. Mosteo, N. Miguel, S. Martin-Muniesa, M.P. Ormad, J.L. Ovelleiro, J. Hazard. Mater., 172, 661-666 (2009).

[118] T. Myllykangas, T.K. Nissinen, P. Rantakokko, P.J. Martikainen, T. Vartiainen, Water Res., 36, 3045-3053 (2002).

[119] S. Navalon, M. Alvaro, H. Garcia, J. Hazard. Mater., 169, 901-906 (2009).

[120] S. Niyogi, C.M. Wood, Environ. Sci. Technol., 38, 6177-6192 (2004).

[121] E.J. Plewa, E.D. Wagner, Quantitative Comparative Mammalian Cell Cytotoxicity and Genotoxicity of Selected Classes of Drinking Water Disinfection By-products, (2008).

[122] D.A. Reckhow, P.C. Singer J. Am. Wat. Wks. Assoc., 76, 151-157 (1984).

[123] S. Otto, W. Balzer, Prog. Oceanogr., 42, 127-144 (1998).

[124] C.M. Palmer, Algae and water pollution, editora Castle House, Inglaterra, (1980).

[125] Y. Pei, J. Yu, Z. Guo, Y. Zhang. M. Yang, J. Zhang, H. Junji, Ozone Sci. Eng., 29, 317-323 (2007).

[126] R.C. Petersen, O comportamento biológico contraditório das substâncias húmicas no ambiente aquático. Em: Allard, B., Boren, H., Grimvall, A. (Eds.), Humic Substances in the Aquatic and Terrestrial Environment. Springer-Verlag, Berlim, 369-390 (1991).

[127] R.C. Playle, Sci. Total Environ, 219, 147-163 (1998).

[128] R.C. Playle, D.G. Dixon, K. Burnison, J. Fish. Aquat. Sci., 50, 26672677, (1993).

[129] R.A. Minear, G.L. Amy, Disinfection By-Products in Water Treatment: The Chemistry of Their Formation & Control. Boca Raton, FL: CRC Press. 2nd edition (1996).

[130] J. Fang, X. Yang, J. Ma, C. Shang, Q. Zhao Water Res., 44, 5897-5906 (2010).

[131] J.D. Plummer, J.K. Edzwald, Environ. Sci. Technol., 35, 3661-3668 (2001).

[132] J. Wu, C.Y. Lan, G.Y. Sing Chan, Chemosphere, 76, 1308-1314 (2009).

[133] P.G. Pope, M. Martin-Doole, G.E. Speitel, M. Collins, J. Am. Wat. Wks. Assoc., 9, 144-156 (2007).

[134] X.R. Zhang, S. Echigo, R.A. Minear, M.J. Plewa, Abstracts of Papers of the American Chemical Society, 217, 072-ENVR (1999).

[135] P. Qiao, A.P. Farrell, Biochem. Physiol, 133, 575-585 (2002).

[136] X. Yang, W. Guo, W. Lee, Chemosphere, 91, 1477-1485 (2013).

[137] J.F. Richards, P.J. Curtis, B.K. Burnison, R.C. Playle, Environ. Toxicol. Chem., 20, 1159-1166 (2001).

[138] S.D. Richardson, M.J. Plewa, E.D. Wagner, R. Schoeny, D.M. Demarini, Mutat. Res. 636, 178-242 (2007).

[139] S.D. Richardson , Global NEST J., 7, 43-60 (2005).

[140] S.D. Richardson, A.D. Thruston, T.V. Caughran, P.H. Chen, T.W. Collette, T.L. Floyd, K.M. Schenck, B.W. Lykins, G.R. Sun, G. Majetich Environ. Sci. Technol., 33, 3368-3377(1999).

[141] G.L. Amy, P.A. Chadik. Z.K. Chowdhury, J. Am. Wat. Wks. Assoc., 79, 89-97 (1987D.A. Reckhow, P.C. Singer, R.L. Malcolm, Environ. Sci. and Technol, 24, 1655-1660 (1990).

[142] S.D. Richardson, Jr. Thruston, T.W. Collette, K.S. Patterson, B.Z. Lykins, G. Majetich, Y.

Zhang, Environ. Sci Technol, 28, 592-599 (1994).

[143] S.D. Richardson, J.E. Simmons, G. Rice, Environ. Sci. Technol. 36, 199205 (2002).

[144] G. Hua, D.A. Reckhow, Water Res., 46, 4208-4216 (2012).

[145] C.M. Hartmann, Dissertação de Doutoramento, Universidade de Massachusetts, Amherst (2002).

[146] T.F. Marhaba, B. Panyapinyopol, V. Kanokkantapong, , S. Wattanachira, P. Pavasant, J. Environ. Sci.Health, 40, 1453-1555 (2005).

[147] J. Van Leeuwen, R. Daly, A. Holmes, Desalination, 176, 81-89 (2005).

[148] S. Hiroshi, A. Olivier, P. Simon, Chemosphere, 92, 647-651 (2013).

[149] S.D. Richardson, Jr.A.D. Thruston, S.W. Krasner, H.S. Weinberg, R.J. Miltner, K.M. Schenck, M.G. Narotsky, A.B. McKague, J.E. Simmons, J. Toxicol. Environ. Health Part A, 71, 1165-1186 (2008).

[150] M.J. Rodriguez, J.B. Serodes, Wat. Res., 35, 1572-1586 (2001).

[151] S.H. Roh, D.H. Kwak, Separation Sci. Technol., 43, 1520-5754 (2008).

[152] J.J. Rook , Environmental Science and Technology, 11, 478-483 (1977).

[153] J.J. Rook, Water Treat. Exam., 23, 234-242 (1974).

[154] L.A. Rossman, R.A. Brown, P.C. Singer, Water Res., 35, 3483-3489 (2001).

[155] M.L. Schwartz, P.J. Curtis, R.C. Playle, Environ. Toxicol. Chem., 23, 2889-2899 (2004).

[156] S. Chowdhury, J. Manuel, Water Res., 45, 337-347 (2011).

[157] M. Siddiqui, G. Amy, K. Ozekin, W. Zhai, J. Am. Wat. Wks. Assoc., 86, 81-96 (1994).

[158] P.C. Singer, J. Wat. Sci. Technol., 2, 487-492 (2002).

[159] P.C. Singer, D.A. Reckhow, Chemical oxidation. In: Letterman, R.D. (Ed.), Water Quality and Treatment. McGraw-Hill, Inc., Nova Iorque, 1238-1244 (1999).

[160] R.L. Sinsabaugh, R.C. Hoehn, W.R. Knocke, A.E. Linkins, J. Am. Wat. Wks. Assoc., 78, 74-82 (1986).

[161] S.D. Richardson, Roma, 51-60 (1996).

[162] H. Song, J.W. Addison, J. Hu, T. Karanfil, Chemosphere, 79, 174-179 (2010).

[163] S. Sorlini, C. Collivignarelli, Desalination, 176, 103-111 (2005).

[164] F.J. Stevenson, Química do húmus: Genesis, Composition, Reactions. John Wiley & Sons,

Nova Iorque, (1994).

[165] J. Swietlik, A. Dabrowska, U. Raczyk-Stanislawiak, J. Nawrocki, Water Res., 38, 547-558 (2004).

[166] J.M. Symons, S.W. Krasner, L.A. Simms, M. Sclimenti, J. AWWA, 85, 51-62 (1993).

[167] E.M. Thurman, Geochemistry of Natural Waters. Martinus Nijhof/ Dr. W. Junk Publishers, Dordrecht, Boston, EUA, (1985).

[168] E. Tipping, Cation Binding by Humic Substances (Ligação de catiões por substâncias húmicas). Cambridge University Press. Cambridge Environmental Series, West Nyack, NY,2^{ed} edition, USA, (2002).

[169] USEPA, Critérios de Qualidade Ambiental para a Vida Aquática em Água Doce - Cobre 2007. Gabinete da Água. Gabinete de Ciência e Tecnologia (2007).

[170] USEPA: List of Drinking Water Contaminants & MCLs, U.S. Environmental Protection Agency, EPA 816-F-02-016, (2003).

[171] V. Uyak, S. Yavuz, I. Toroza, S. Ozaydin, E. Ates, Desalination, 216, 334-344 (2007).

[172] P. Varanusupakul, N. Vora-adisak, B. Pulpoka, Anal. Chim. Ata, 598, 82-87(2007).

[173] D.M. McKnight, E.W. Boyer, P.K. Westerhoff, P.T. Doran, T. Kulbe, D.T. Andersen, Limnol. Oceanogr., 46, 38-48 (2001).

[174] A.T. Chow, F. Guo, S. Gao, R.S. Beueo, Chemosphere, 62, 1636-1646 (2006).

[175] D.S. Wang, H.X. Tang, Water Res., 35, 3418-3428 (2001).

[176] Y.H. Wang, P.K. Wong, Water Res., 39, 1844-1850 (2005).

[177] Q.S. Wei, D.S. Wang, Environ.Monit.Assess., 141, 347- 357 (2008).

[178] L.L. Wei, Q.L. Zhao, S. Xue, T. Jia, Ecol. Eng., 35,1405-1414 (2009).

[179] H. Weinberg, Anal. Chem., 71, 801-808 (1999).

[180] H.S. Weinberg, S.W. Krasner S.D. Richardson, EPA /600/R02/068 (2002).

[181] E.C. Wert, F.L. Rosario-Ortiz, D.D. Drury, S.A. Snyder, Water Res., 41, 1481-1490 (2007).

[182] P. Westerhoff, G. Aiken, G Amy, Water Res., 33, 2265-2276 (1999).

[183] C.E. Williamson, D.P. Morris, M.L. Pace, Limnol. Oceanogr., 44, 795803 (1999).

[184] Y.T. Woo, D. Lai, J.L. McLain, Environ. Health Perspect. 110,, 75-87 (2002).

[185] C.M. Wood, A.Y.O. Matsuo, R.W. Wilson, R.J. Gonzalez, Physiol. Biochem. Zool, 76, 12-27

(2003).

[186] W.H. Chu, N.Y. Gao, Y. Deng, S. Krasner, Environ. Sci. Technol., 44, 3908-3912 (2010).

[187] R.F. Christman, D. Norwood, D. Millington, J. Johnson, A. Stevens Environ. Sci. Technol., 17, 625-628 (1983).

[188] Z.T Walter, S. Tassos, Water Res., 31, 1117-1125 (1997).

[189] Q.Y. Wu, Y. Li, H.Y. Hu, Environ. Sci. Pollut. Res. 19, 1-7 (2012).

[190] D.L. Norwood, R.F. Christman, P.G. Hatcher, Environ. Sci. Technol., 21, 791-797 (1987).

[191] W. Wu, M.M. Benjamin, G.V. Korshin, Water Res., 35, 3545-3550 (2001).

[192] X. Yang, Q. Shen, W. Guo, Chemosphere, 88, 25-32 (2012).

[193] E.M. Aieta, J.D. Berg, J. Am. Wat. Wks. Assoc., 78, 62-72 (1986).

[194] G. Amy, M. Siddiqui, K. Ozekin, H. Zhu, C. Wang, relatório da EPA, (1998).

[195] R. A. Wahaab, M.I. Badawy, Biomedical and Environmental Sciences, 17, 87-100 (2004).

[196] Z. Hua, Q. Jiuhui, L. HuijuanW. Dongbin, J. Environ. Sci.Technol., 21, 54-61 (2009).

[197] M.I. Cedergren, A.J. Selbing, O. Lofman, Environmental Research, 89, 124-130 (2002).

[198] M.R. Collins, G.L. Amy, C. Steelink, Environ. Sci. Technol., 20, 10281032 (1986).

[199] R. Otson, D.T. Willams, D.C. Big, Relationships between Raw Water Quality Treatment and Occurance of Organics in Canadian Water, Wiley, 3rd edition, (1982).

[200] G. Hua, D.A. Reckhow, Water Res., 1667-1678 (2007).

[201] I. Ivancev-Tumbas, B. Dalmacija, Z. Tamas, Water Res, *33,* 3715-3722 (1999).

[202] APHA (Associação Americana de Saúde Pública): Standard Methods for the Examination of Water, Sewage and Industrial Wastes 20th edition, Wiley, (1998).

[203] E.H. Smith, K.E. El-Deen, J. Wat. Sci. Technol, 9, 113-120 (2009).

[204] R.J. Miltner, H.M. Shukairy, R.S. Summers, J. Am. Wat. Wks. Assoc., 84, 53-62 (1992).

[205] P.A. Quinlivan, L. Li, D.R.U. Knappe, Water Res., 39, 1663-1673 (2005).

[206] S. Sinha, Y. Yoon, G.L. Amy, J. Yoon, Chemosphere, 57, 1115-1122 (2004).

[207] J. Sohn, Y. Lee, Y. Yoon, Water Res., 38, 2461-2478 (2004).

[208] V. Uyak, I. Toroz, J. Haz. Mat. 141, 320-328 (2007).

[209] R.A. Wahaab, M.I. Badawy, Biomedical and Environmental Sciences, 17, 87-100 (2004).

[210] K.S. Werdehoff, P.C. Singer, J.Am. Wat. Wks. Assoc., 79, 107-113 (1987).

[211] C.Y. Yang, B.H. Cheng, S.S. Tsai, T.N. Wu, M.C. Lin, Environmental Health Perspectives, 108, 765-768 (2000).

[212] M.A. El-Dib, R. K. Ali, Bull. Environ. Contam. Toxicol., 48, 378-386 (1992).

[213] Y. Yoon, G. Amy, J. Cho, N. Her, Desalination, 173, 209-222 (2005).

[214] J. Kim, B. Kang, Water Res., 42,145-152 (2008).

[215] A.D. Archer, P.C. Singer, J. Am. Wat. Wks. Assoc., 7, 110-123 (2006).

[216] I.C. Escobar, A.A. Randall, Water Res., 18, 4444 - 4454 (2001).

[217] EPA: Determination of Haloacetic acids and Dalapon in Drinking Water by Liquid-liquid microextractions, Derivitization, and Gas Chromatography with Electron Capture Detetor. Centro de Apoio Técnico, USEPA, 815-B-03- 002 (2003).

MIX
Papier aus verantwortungsvollen Quellen
Paper from responsible sources
FSC® C105338

Printed by Books on Demand GmbH, Norderstedt / Germany